北京市科学技术委员会
科普专项资助

人工智能小超人

（中学版）

张 毅 主编

科学出版社
北京

内 容 简 介

本书用轻松愉快、通俗易懂的语言，以及充满趣味的图示，帮助读者了解什么是人工智能，学习编程基础知识，通过一个个有趣的项目实施，锻炼逻辑思维能力、创新能力和解决问题的能力。

图书在版编目（CIP）数据

人工智能小超人：中学版 / 张毅主编 . —北京：科学出版社，2019.5
ISBN 978-7-03-061009-6

Ⅰ . ①人… Ⅱ . ①张… Ⅲ . ①人工智能－青少年读物 Ⅳ . ① TP18-49

中国版本图书馆 CIP 数据核字（2019）第067387号

责任编辑：沈力匀 / 责任校对：陶丽荣
责任印制：吕春珉 / 封面设计：向语思

科学出版社 出版
北京东黄城根北街16号
邮政编码：100717
http://www.sciencep.com

北京中科印刷有限公司印刷
科学出版社发行　　各地新华书店经销

*

2019 年 5 月第 一 版　　开本：787×1092　1/16
2019 年 5 月第一次印刷　　印张：7 1/2
字数：200 000
定价：39.00 元
（如有印装质量问题，我社负责调换〈中科〉）
销售部电话 010-62136230　编辑部电话 010-62135235

本书编写委员会

主　编　张　毅

副主编　韩　竹　田　丰　朱建民　桑春茂　袁中果

主　审　孙　勇

编　委　（按姓氏拼音排序）

　　　　杜春燕　宫　昊　龚建华　郭　威　黄　鹏

　　　　贾志勇　李　娜　李梦姝　刘兴宇　吕素梅

　　　　马玉波　潘立晶　邱小辉　孙淑萍　汤淑明

　　　　王世宏　解　航　杨钦贞　张雪皓

如果学校里有一个学霸，每次考试他都得满分，虽然其他同学也很努力地学习，但就是没有学霸考得好。那能不能学一下学霸备考的方法？如果这种方法行不通，那就干脆让考题自己解答自己吧……这种想法很无厘头，但确实是最有希望的一种。其实这些想法我们都可以通过建造一台智能机器人来完成。

假如有一天，"人工智能小超人"真的从抽屉里钻了出来，大家或许惊讶，或许欣喜，但也会在张开双臂拥抱它大头的同时发出质疑：这大头里面真的有意识存在吗？让"人工智能小超人"具有意识就是人工智能要完成的工作。人工智能包含四个最核心的含义：一是智能感知，即像人类一样能够感受、感知外界；二是智能认知，具备逻辑推理能力，能够思考并进行大量计算；三是智能决策，对采集的数据进行分析，再由计算机算法辅助人类决策；四是智能执行，机器能够主动思考并采取行动。

本书分为三章：第 1 章为人工智能历史，介绍人工智能的基础知识，以及人工智能发展的三个重要时期的代表事件和重要人物；第 2 章为人工智能技术及应用，介绍人工智能的四个核心功能在人类生活中应用的具体呈现形式和原理；第 3 章为科学体验，通过项目的实施，同学们可以掌握 Scratch 软件、Arduino 单片机和 Python 语言等工具的使用，并进一步创新思维，开发更多有趣和实用的智能产品。其中部分项目由中国科学院自动化研究所自主智能系统团队提供，该团队在科技教育方面有着丰富的研发与教学经验，立足于智能感知、智能系统等方面的相关研究，已经与北京市第三十五中学、北京市顺义牛栏山第一中学等多个学校合作，并为北京市东城区多所学校提供了多门线上课程。

未来，人工智能方面的人才需求量会非常庞大，谁能把握人工智能这个良机，谁就能在今后 30 年内成为全球科技的先锋。爱玩是每个孩子的天性，电子游戏具备很强的逻辑性，青少年非常善于吸收新知识、掌握新技术，让他们早早地接触代码，就可及早地开发他们在编程和设计方面的天赋。只有让孩子们具备人工智能时代的知识技能，才会使他们拥有一个前途远大的未来。

一本好的书籍，可以点亮正在茁壮成长的孩子们的一个梦想，可以给予他们丰富、有趣和系统的人工智能方面的知识，还能够达到启蒙其编程、激发其创造力、锻炼其组织能力的作用，这将是他们一生的财富和幸福的基础。

目 录
Contents

第1章
人工智能历史

人工智能重要事件

1956 年 8 月，在美国汉诺斯小镇宁静的达特茅斯学院，约翰·麦卡锡、马文·明斯基（人工智能与认知学专家）、克劳德·香农（信息论的创始人）、艾伦·纽厄尔（计算机科学家）、赫伯特·西蒙（诺贝尔经济学奖得主）等科学家聚在一起（图 1-1），天马行空讨论着一个看似异想天开的主题：用机器来模仿人类学习以及其他方面的智能。会议足足开了两个月，虽然大家没有达成普遍的共识，但是却为会议讨论的内容起了一个名字：人工智能（AI）。这次会议成为人工智能诞生的标志。其中约翰·麦卡锡被后人尊称为"人工智能之父"。

图 1-1　1956 年达特茅斯会议参会人员合影

1.1 人工智能是什么

简单地说，人工智能（artificial intelligence，AI）是指机器像人类一样拥有智慧能力，可以代替人类实现语音（图像）识别、认知、分析和决策等多种功能（图1-2）。比如，当你说一句话时，机器能够将语音识别成文字，并理解其中的内涵，进行分析、对话等。不过，我们还不能把人工智能完全与一台机器混为一谈。因为，大多数机器执行的任务还不能称为智能，它只是接收来自人类输入的指令（数字、图像的指令），然后执行一系列预设的程序，最后输出答案。

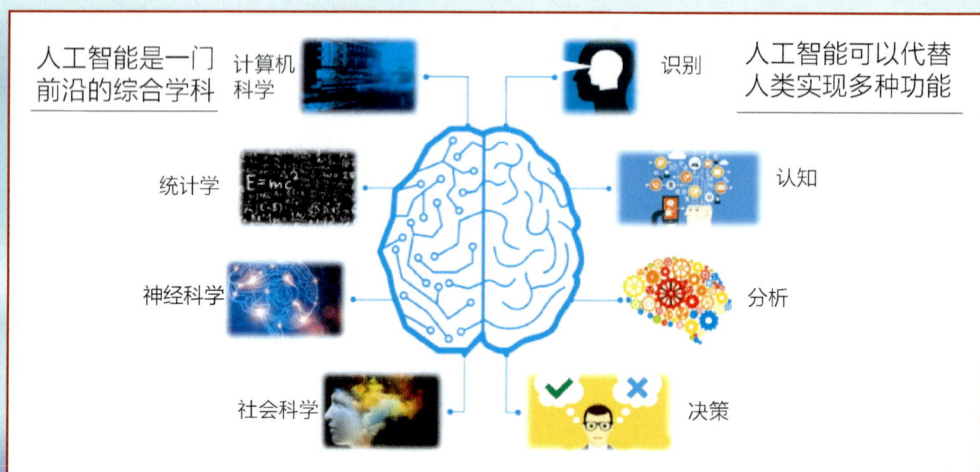

图1-2 人工智能的含义

那么，人工智能与人类大脑到底有什么区别呢？

既然叫人工智能，它完成任务的方式和人类大脑应该有相似之处。比如，一个小朋友养了一只小猫，那么只要听到小猫"喵喵"的叫声或者只看到小猫的尾巴，他就应该知道这是他的小猫；而当这个小朋友看到一个小猫的卡通形象时，他也能够很快地辨认出这是一只猫，而不需要给他展示大量的小猫图片，告诉他"这

是猫""这也是猫"。但是大多数的人工智能是不能像这个小朋友一样聪明的，早期的人工智能需要人类准确地输入命令，告诉它需要注意什么（边、角、对称性等），它才能识别指令，识别的结果也不一定准确。

这只是一个小小的例子，用来说明人工智能的工作逻辑在一定的领域与人类的思维模式基本相似，拥有像人类一样或者说类似于人类的决策能力。这个能力特别重要，即使没有很明确的规则，没有很多预设的数据，人工智能也能理解所处的环境并做出反应。

人工智能可以简单地分为三种类型：弱人工智能、强人工智能、超人工智能。

（1）弱人工智能，也称为限制领域人工智能，或者说是特定型人工智能。这类人工智能只专注于解决某个特定领域的问题，实际上世界上大部分人工智能都属于这种类型（图 1-3）。和世界一流围棋手对弈的 AlphaGo（阿尔法围棋），虽然赢得了比赛，但也属于弱人工智能。因为它目前只会下围棋，只能在围棋领域发挥特长。

我只会做饭　　　　我只会下棋

我只会算术　　　我只会看病　　　我只会使用电脑

图 1-3　弱人工智能

（2）强人工智能，又称为通用人工智能，是指真正能推理和解决问题的人工智能。它需要具备以下几方面的能力：存在不确定因素时进行推理，使用策略、解决问题、制定决策的能力；知识表示的能力；规划能力；学习能力；使用自然语言进行交流沟通的能力；将上述能力整合起来实现既定目标的能力。

（3）超人工智能。如果强人工智能不断地发展和进化，最后比世界上最聪明的人大脑还要厉害，那么这个最聪明的人工智能就可以被称为超人工智能。直至现在，科学家还不能给超人工智能下一个准确的定义，虽然超人工智能是人工智能家族未来的领袖，但是没有人知道超越目前最聪明的人类的领袖到底是什么样子的，所以我们现在只能幻想一下啦。

那么，人工智能是如何工作的呢？

我们先了解一下人类大脑的工作原理。人类大脑的中心部分与身体相连，大脑表层覆盖的大脑皮质掌控着高度抽象思维的部分，同时也是大脑中最终解决问题的区域，进而管理着整个身体的协调运动。

观察人类大脑的结构，你会发现有许多叫做神经元（图1-4）的神经细胞，一个成人的大脑中估计有1000亿个神经元，神经元和人体其他类型的细胞十分不同，每个神经元都长着一根像电线一样的称为轴突的东西，它的长度有时可以伸展到1米，用来将信号传递给其他的神经元，神经元相互连接从而形成神经网络。人脑中的神经网络是一个非常复杂的组织，信号通过突触传递，从一个神经元进入另一个神经元。我们都知道最基础的计算机语言就是0和1的堆砌，假设人脑只能

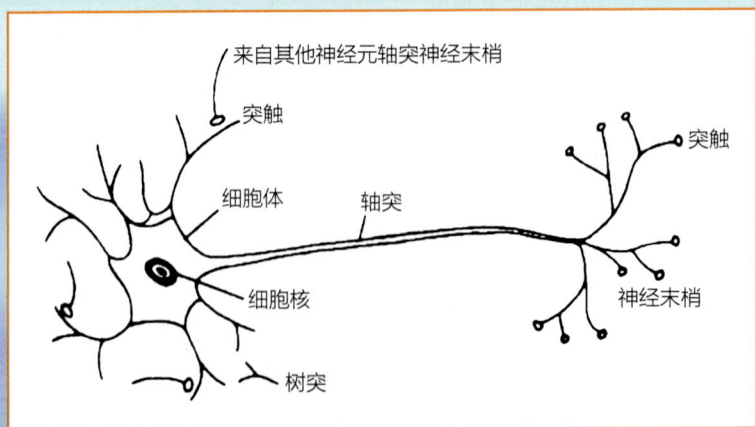

图1-4　神经元

产生两种状态：兴奋和不兴奋，如果传递的信号强度不变，变化的仅仅是信号传递的频率，那么大脑中的神经元会以我们还不知道的方式把传递进来的信号进行叠加，如果叠加的结果超过一个预定的值，就会激发这个神经元进入兴奋状态，然后发送一个信号给其他神经元，如果信号的总和没有达到一定的数值，那么这个神经元就不会兴奋。正是神经元连接所形成的巨大的神经网络，使得人类大脑具备了强大的思维能力。

科学家们模拟人类大脑，使人工智能具有类似人类神经网络的人工神经元，并通过其强大的连接性将不同的输入信息按照设定的运算逻辑，不断地传输到下一个操作层面，从而最终形成一个确定的输出值，这就是所谓的人工智能机器的无监督学习和深度学习等算法，有了这些算法，人工智能机器就能从不同角度更好地为人类服务。

1.2 人类智能和人工智能的区别

人类智能是指人类与生俱来的认识世界和改造世界的才智和本领。简单来说，就是人类利用所掌握的知识对外界规律进行认识，并且利用这种对外界规律性的认识来解决问题、解决矛盾，有目的地改造世界的能力。

人类智能承载在人类的大脑里，大脑里有上千亿个神经元，这些神经元通过一定的规律连接起来组成了神经系统。神经系统就是人类智能的核心，这个系统经历了漫长的进化，包括生理进化和社会进化，因此除了理性之外，人类还具有了难以量化的感性思维。这是区别人类智能和人工智能最重要的一点（图1-5）。

人类对事物的研究、看法从来都不是以理性为唯一依据的。但从目前来看，人工智能整体还处于理性智能的阶段，它只能处理大部分数理逻辑能判断的事物。比如在一场灾难过后的营救过程中，如果一边有十个人需要营救，另一边只有一个人

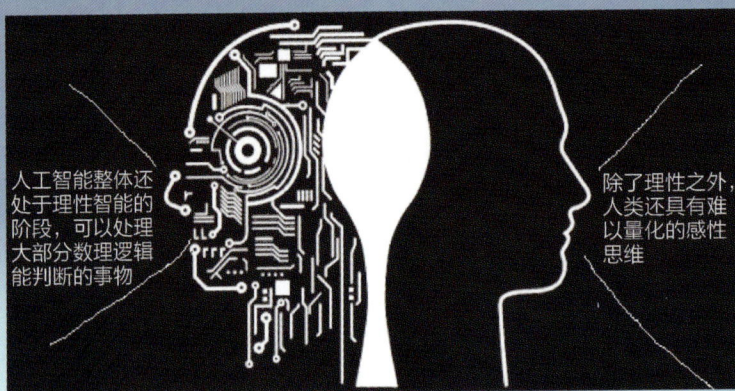

图 1-5　人类智能和人工智能的区别

需要营救，人工智能的判断依据一定是按照最优化处理的逻辑来思考，然后得出营救十个人的结论。但是人类就会区分各种现实情况来判断，如果当时的现场一边是十个老人而另一边是一个孩子，人类在道德思维和情感思维的影响下会把先营救的机会留给孩子。

　　人工智能是人类智能发展的成果，但是人工智能不可能代替人类智能来呈现自然生命的价值，体验人类生活的意义。没有任何一个人工智能创造者想让其产品代替他来体验生活的乐趣，因为没有人能完全仿制自己。人类始祖诞生时，大自然就没有赋予其智能自复制的功能。人非草木，孰能无情，既然有情，就不能像草木那样进行自复制；既然不能完全仿制自己的智能，全面超越自己的智能又从何谈起？

　　事实上，人工智能的主流技术的发展主要经历了推理、知识工程、数据挖掘三个重要的时期。

1.3　人工智能的推理时期

　　1940～1970 年，是人工智能的推理时期（图 1-6）。

1957年罗森·布拉特提出感知机的概念

1960年通用问题求解系统GPS

1968年DENDRAL专家系统

1983年J.霍普费尔德解决了了NP问题，人们重新关注连接主义

20世纪80年代符号学习的代表方法是决策树和基于逻辑的学习

20世纪90年代统计学习登场，迅速占领了历史舞台

2006年辛顿提出深度学习的神经网络

深度学习的代表：AlphaGo

1940～1970年第一次发展热潮

人工智能概念诞生
1950年，图灵提出"图灵测试"
1956年，达特茅斯会议标志着AI概念的诞生

1970～2000年第二次发展热潮

统计学：语音识别取代专家系统
机器学习：让计算机模拟人类学习行为获取新知识，从而不断改善自身
神经网络：用于模拟识别

2000年之后的第三次发展热潮

深度学习：机器视觉、语音识别、自然语言处理等领域

大数据：捕捉、管理和处理数据集合，通过一定的处理模式使之具有强大的决策力、洞察力

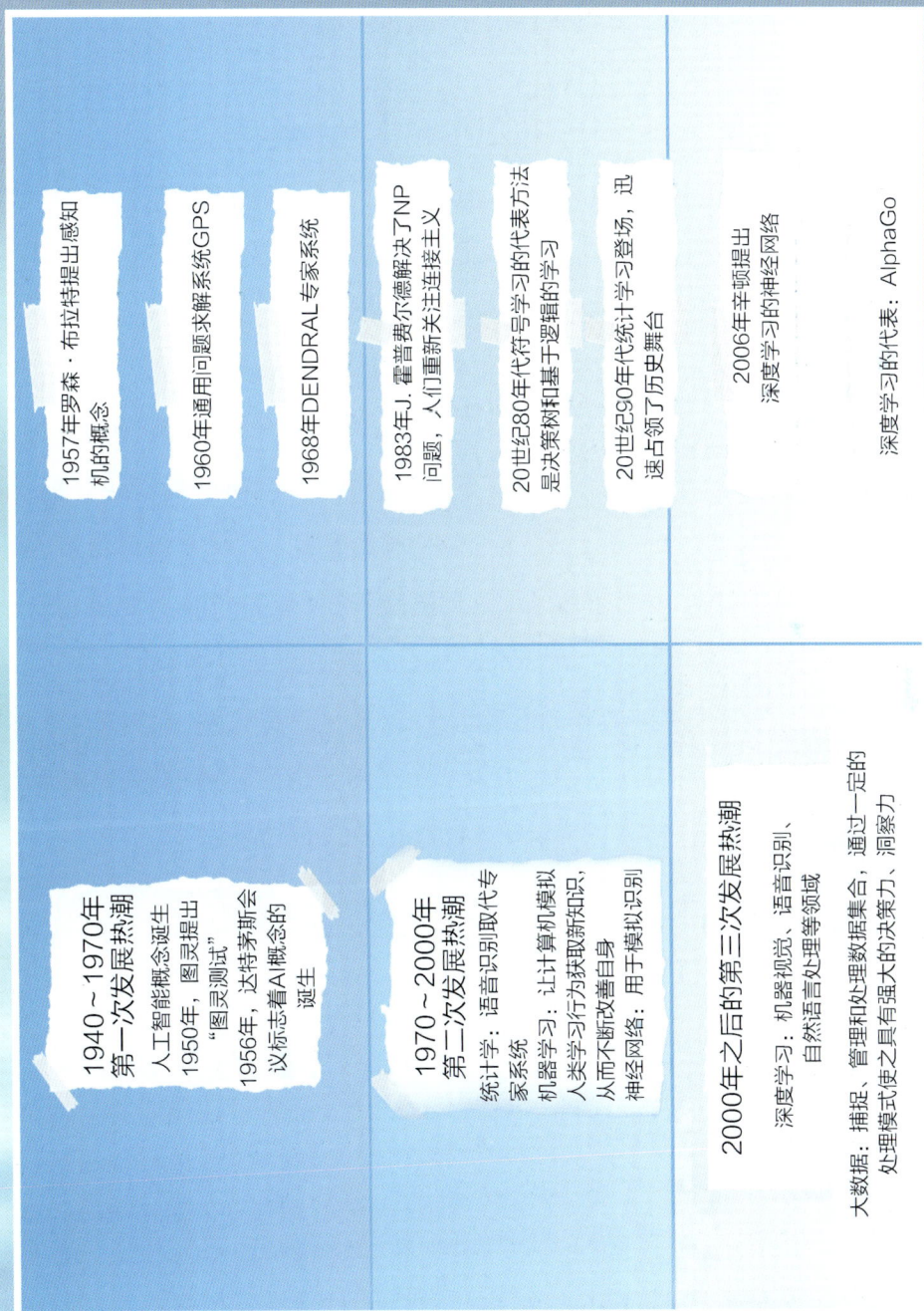

图1-6 人工智能发展的三个时期

在这个时期，整个人工智能研究水平还比较低下，人们天真地以为只要给机器赋予了逻辑推理的能力就能实现人工智能。不过实践证明，机器即使具有了逻辑推理能力也只能实现高速计算，就像一台不断升级的计算机，这和真正意义上的人工智能还差得远呢。

20 世纪 40 年代，当时的书店里售卖的图书以及电影院里上映的电影都有了关于人工智能的描述，像超级机器人、超级计算机、光脑等。到了 1943 年，沃伦·麦卡洛克和沃尔特·皮茨两位科学家提出了"神经网络"的概念，这个爆炸性的理论正式开启了人工智能研究的大门。虽然这个惊人的理论是作为数学理论呈现的，但绝不能否认的是，这个理论让人们了解到了机器（计算机）也可以像人类的大脑一样，利用神经网络实现逻辑功能进而成功进行深度学习。

到 1955 年，约翰·麦卡锡、马文·明斯基、纳撒尼尔·罗彻斯特、克劳德·香农、四位科学家联名提交了一份《人工智能研究》的提案，1956 年在达特茅斯会议上首次提出了人工智能（AI）的概念。从此类似研究就有了一个统一的名字——人工智能研究。

在这个时期，人工智能机器作为语音助手和人类对话交流也已经存在了，20 世纪 60 年代计算机心理治疗师——ELIZA 被美国麻省理工学院的研究员发明出来，它可和心理疾病患者对话，从而缓解患者的压力和抑郁症状。

1.4 人工智能的知识工程时期

1970～2000 年，是人工智能的知识工程时期（图 1-6）。

这一时期，人们对人工智能的认识有了更多的提升，科学家们希望机器能变得更加智能，他们想让机器像人类一样自主地学习知识，于是在这个时期开发了大量

的专家系统（专家系统是一类智能计算机程序系统，其内部含有大量的某个领域专家水平的知识与经验，能够利用人类专家的知识和解决问题的方法来处理该领域的问题）。这一时期人工智能主要干三件事，一是输入，二是运算，三是输出。无论输入什么，在人工智能看来都是一堆数据。无论输出什么，在人工智能看来也都是一堆数据。

研究人工智能技术，很多时候是在研究"聪明的算法"，使其能够适应各种各样的实际情况。让机器通过运算，从输入的数据出发，正确而高效地得出应该输出的结果。

在这一轮人工智能的热潮中，机器学习的算法发挥了重要的作用。但是，回顾机器学习的过程，专家们发现实际上是人们把海量的知识总结出来再让机器去学习，整个过程中最耗时耗力的竟然是知识的总结阶段。举个例子，如果我们想开发一个足球比赛系统，首先，人类要找许多专门研究足球战术、技术的专家把大量的足球比赛的数据以及战术排布总结出来，随后让机器学习，这需要耗费大量的人工成本，而机器只不过是一台储存知识的自动化工具，并没有达到人工智能的标准。

这一时期，除了一项项新的发明和技术不断进步之外，也伴随着一些反对的声音。1993年作家兼计算机科学家弗诺·文奇是最早的人工智能威胁论者，他发表文章提出未来某一天人工智能会超越人类，并且终结人类社会，掌控人类。虽然此后这类反对的声音一直没有停止过，包括霍金和特斯拉汽车公司的CEO埃隆·马斯克，但人工智能技术还是没有停歇地向未来走去。

时间来到1997年，IBM公司制造的人工智能超级计算机"深蓝"战胜了当时的国际象棋冠军加里·卡斯帕罗夫（图1-7），这一事件将人工智能研究以及人类对于人工智能技术的关注推向了高潮，在世界范围内引起了轰动。虽然这次比赛还不能证明人工智能可以像人类一样思考，但它却证明了人工智能在推算以及数据处理上比人类要快得多。这一事件足以载入史册，这是AI发展历史上人工智能首次战胜人类。

图 1-7 "深蓝"战胜国际象棋冠军加里·卡斯帕罗夫

1.5 人工智能的数据挖掘时期

2000 年至今，是人工智能的数据挖掘时期（图 1-6）。

随着各种机器学习算法的提出、发展和应用，特别是深度学习算法的不断进步，人们希望机器能通过对大量数据的分析得出规律，从而实现机器自动、自主的学习。进入 21 世纪以来，首先计算机硬件的飞速发展为人工智能奠定了坚实的基础，硬件水平的提升使得大数据分析技术、机器自动采集技术、存储技术以及处理数据的速度都大踏步地前进。

人工智能发展的速度是科学家始料未及的。2012 年 6 月，谷歌研究人员杰夫·狄恩和吴恩达从社交网站视频中提取了 1000 万个未标记的图像，训练一个由 16 000 个计算机处理器组成的庞大神经网络，在没有给出任何识别信息的情况下，人工智能通过深度学习算法准确地从中识别出了猫科动物的照片（图 1-8）。这说明什么呢？ 这次的图像识别意味着人工智能开始有了一定程度的"思考"能力。

图 1-8　图像识别

　　而时间推移到 2016 年 3 月，谷歌公司研发的 AlphaGo 以 4∶1 的惊人战绩战胜了围棋世界冠军李世石（图 1-9），要知道围棋是一种自古以来被视为关于智力最高级别的挑战，更多地是考验下棋双方的智力和耐力。AlphaGo 的主要工作原理就是深度学习，因此它的胜利证明了深度学习这一算法足以使得人工智能不仅拥有思考力，还具有了一定的决策能力。而后 2017 年 5 月在中国乌镇围棋峰会上，AlphaGo 与排名世界第一的世界围棋冠军柯洁对战（图 1-10），又以 3∶0 的总比分获胜。此时，围棋界已经公认 AlphaGo 的棋力超过了人类职业围棋的

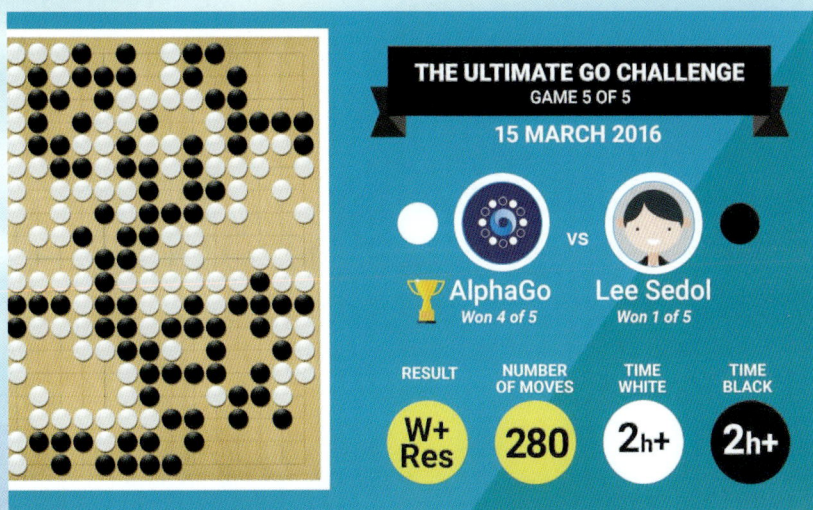

图 1-9　AlphaGo 与李世石对弈

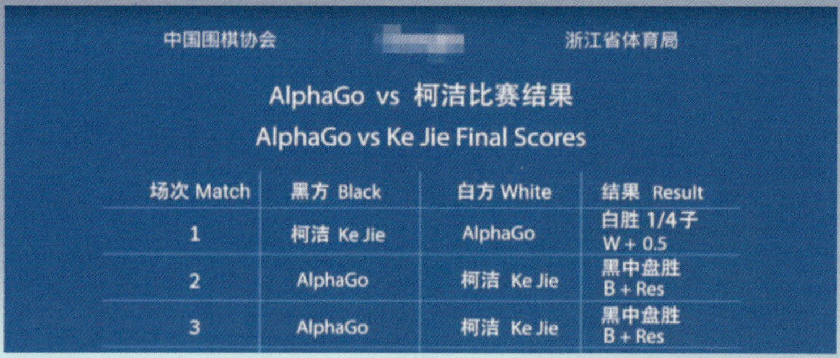

场次 Match	黑方 Black	白方 White	结果 Result
1	柯洁 Ke Jie	AlphaGo	白胜 1/4子 W + 0.5
2	AlphaGo	柯洁 Ke Jie	黑中盘胜 B + Res
3	AlphaGo	柯洁 Ke Jie	黑中盘胜 B + Res

图 1-10　阿尔法围棋与柯洁对弈

顶尖水平，在 Go Ratings（围棋世界排名统计）网站公布的世界职业围棋排名中，其埃洛等级分曾超过排名第一的人类棋手柯洁（埃洛等级分是匈牙利裔美国物理学家阿帕德·埃洛创建的一个衡量各类对弈活动水平的评价方法，是当今对弈水平评估公认的权威方法，广泛用于国际象棋、围棋、足球、篮球等运动）。

2017 年 2 月，美国卡内基梅隆大学的人工智能 Libratus 在长达 20 天的得州扑克大赛中，打败了 4 名世界顶级得州扑克高手，赢得了 177 万美元筹码。

第 2 章
人工智能技术及应用

人工智能重要事件

2017 年 10 月 30 日被誉为"沙特达沃斯"的"未来投资倡议"大会在沙特首都利雅得举行。会上，一位女性机器人索菲娅（图 2-1）被授予沙特公民的身份，索菲娅的"大脑"采用了人工智能和谷歌的语音识别技术。被授予国籍后，索菲娅告诉人们："我非常荣幸和自豪成为世界上获得国家认可的第一个机器人，这是历史性的。"当被问及机器人是否有自我意识时，她回答说："好吧，让我也问你一下，你是怎么知道你是人类的？"她继续说："我想和人类一起生活和工作，所以我需要表达情感，了解人类，并与人类建立信任。"

有人说，"由活动像人的机器，到有人类感官的机器，这也许就是人工智能未来发展的趋势"，或许这样的人工智能定义太过狭隘。严格来讲，人工智能包括四个大类：像人一样的思考，像人一样的行动，合理的思考，合理的行动。而合理的行动永远是人工智能的最优先级的发展，其次是合理的思考。那么，我们要做的就是将这种合理的行动更多地应用到不同的领域，让人工智能遍地开花，让人工智能绽放异彩。

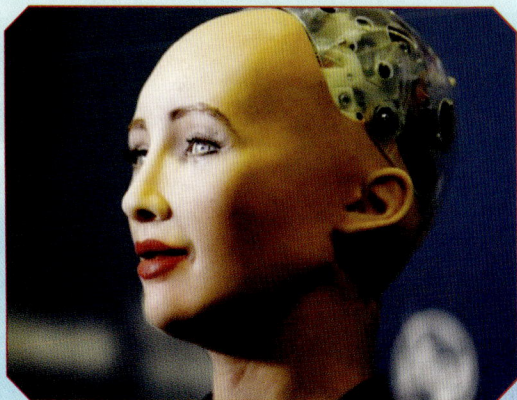

图 2-1　第一位有公民身份的机器人索菲娅

2.1 自然语言处理技术

《圣经》中有一个故事很有意思，说诺亚的后代想建造一座塔直通天上。开始，建造塔的人都说同一种语言，他们心意相通，沟通顺畅，所以效率很高。上帝看到此情此景非常不乐意，人类竟然敢做这种事情，就下令让造塔的人都说不一样的语言。因为听不懂对方在讲什么，于是大家每天都吵吵闹闹、无心工作，也就无法继续造塔了。后来，人们把这座未建成的塔叫作巴别塔（图2-2），而"巴别"的意思就是"分歧"。虽然巴别塔停建了，但是人类总是梦想有一天能像以前一样，拥有相通的语言。

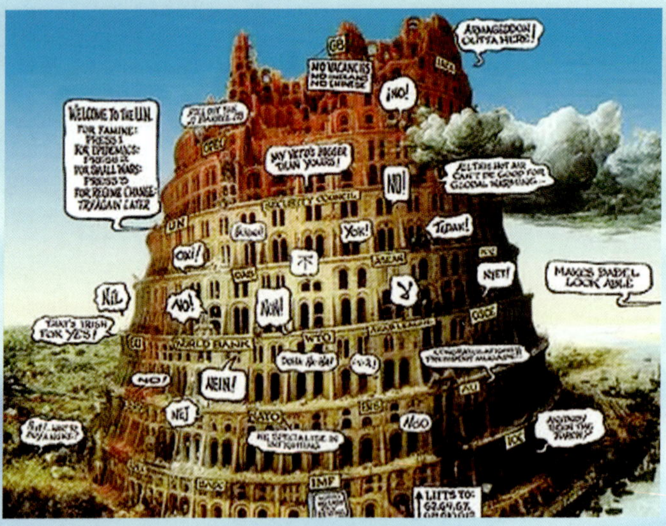

图 2-2　巴别塔

想要重建巴别塔，看来仅靠人类自己的力量是难以完成的，那么我们想象一下，如果我们借助人工智能的力量，是否就可能实现呢？首先我们要赋予机器与人类正常的沟通能力。因此实现人机间自然语言通信、自然语言理解和自然语言生成、自然语言处理技术便成为了人工智能早期研究的极为重要的领域。简单来说，就是要用机器来处理、理解以及运用人类的语言。由于自然语言是人类区别于动物的根本标志，没有语言，人类的思维就不能交换，所以机器处理自然语言是目前为止人工智能最复杂的任务之一。换句话说，当有一天机器能完全具备处理自然语言能力的时候，机器才算是真正的智能。

1. 自然语言处理技术的原理

自然语言处理技术兴起于美国。第二次世界大战之后，20世纪50年代，计算机刚刚出现，利用计算机处理人类语言的想法就已经出现。当时，美国希望能够利用计算机将大量俄语材料自动翻译成英语，用来监视苏联的科技发展状况。研究者从破译军事密码中得到启示，认为不同的语言只不过是"同一语义"的不同编码而已，从而想当然地认为可以采用译码技术像破译密码一样"破译"人类语言。

很显然，理解人类语言远比破译密码要复杂，人类的语言是人类智慧发展的结晶，如果仅仅认为一种语言是有规律的密码而忽视其背后的文化和社会背景，势必其研究进展会非常缓慢。1966年的一份研究报告显示，经过十年之久的研究，结果远远未能达到预期，因此政府给予支持研究的资金急剧下降，这也使得自然语言处理技术（特别是机器翻译）的研究陷入长达20年的低潮。直到20世纪80年代，随着计算机计算能力的飞速提高和制造成本的大幅下降，研究者又开始重新关注自然语言处理技术这个极富挑战性的研究领域。经过多年的探索，研究者已经认识到简单语言规则的堆砌无法实现对人类语言的真正理解，只有通过对大量的文本数据的自动学习和统计，才能够更好地解决自然语言处理的问题，如自然语言的自动翻译。

那么，自然语言处理到底存在哪些主要困难或挑战呢？

首先，自然语言中充满了大量的歧义，也就是人类的一句话在理解上会存在多种可能性，这主要体现在词法（词的用法）、句法（句子的结构）及语义（语句的意义）三个层次上。

例如，我们说话的时候，每个词与每个词之间通常是连贯说出来的。在书面

语中，汉语等语言通常没有词与词之间的边界。由于单词是一句话中的最小单元，要解决自然语言的处理，怎样让机器界定连贯的单词之间的边界就显得尤为重要（图2-3）。特别是汉语文本通常由连续的文字排列在一起组成，词组之间没有任何分割，因此汉语信息处理比英语等西方语言多一步工序，即确定词的边界，在学术界称为"汉语自动分词"任务，让机器识别每个词组之间的边界，并自动为词组之间加入分隔符。例如一个句子"今天天气晴朗"的带有分隔符的切分文本是"今天|天气|晴朗"。汉语自动分词处于汉语自然语言处理的底层，是公认的汉语信息处理的第一道工序，主要解决新词的发现和歧义的切分等问题。我们注意到：正确的单词切分取决于对文本语义的正确理解，而单词切分又是理解语言的最初的一道工序。这样的一个"鸡生蛋、蛋生鸡"的问题自然成了（汉语）自然语言处理的第一个拦路虎。

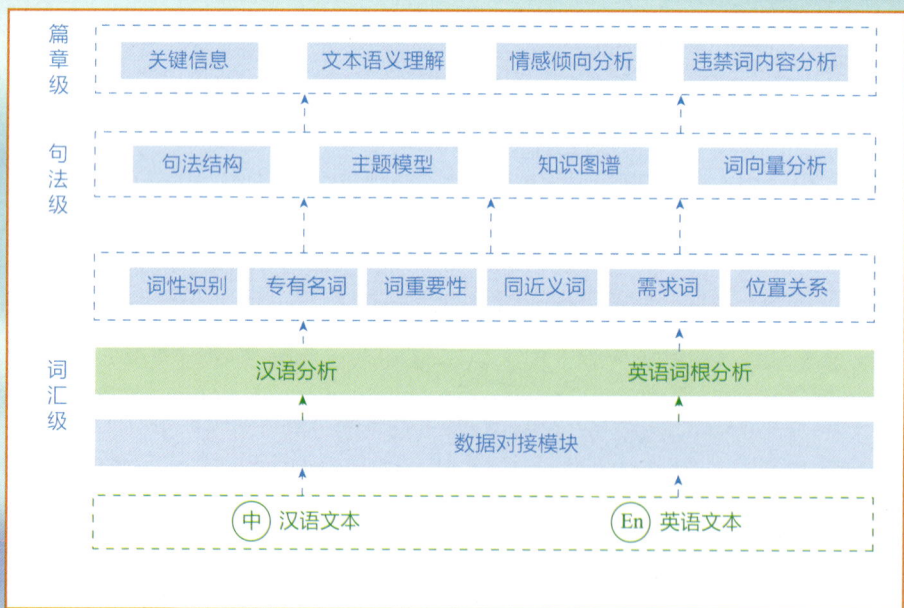

图2-3 自然语言处理的边界界定

其他级别的语言单位也存在着各种歧义问题。例如，在短语级别上，"进口手机"，可以理解为"从国外进口了一批手机"，也可以理解为"从国外进口的手机"。又如在句子级别上，"做手术的是她的父亲"，可以理解为"她父亲生病了需要做手术"，也可以理解为"她父亲是医生，给别人做手术"。总之，同样一个单词、短语或者句子会有多种可能的理解，表示多种可能的语义。如果不能解决好各级语言单位的歧义问题，我们就无法正确理解语言要表达的意思。

另外一个方面，消除歧义所需要的知识储备在获取、表达以及运用上也存在着困难。

例如，上下文知识的获取问题。在试图理解一句话的时候，即使不存在歧义问题，我们也往往需要考虑上下文的影响。所谓"上下文"指的是说这句话时所处的语言环境，例如说话人所处的环境，或者是这句话的前几句话或者后几句话等。假如当前这句话中存在"他、她或它"的时候，我们需要通过这句话前后的句子来推断到底是"男他、女她还是动物它"。我们以"小明欺负小亮，因此我批评了他"为例。其中的"他"是指代"小明"还是"小亮"呢？要正确理解这句话，我们就要理解上一句话"小明欺负小亮"意味着"小明"做得不对，因此第二句中的"他"应当指代的是"小明"。由于上下文对于当前句子的暗示形式是多种多样的，因此如何考虑上下文影响问题也是自然语言处理中的主要困难之一。

再如，背景知识问题。正确理解人类语言还要有足够的背景知识。举一个简单的例子，在机器翻译研究的初期，人们经常举一个例子来说明机器翻译任务的艰巨性。在英语中"The spirit is willing but the flesh is weak"，意思是"心有余而力不足"。但是当时的某个机器翻译系统将这句英语翻译成俄语，然后再翻译回英语的时候，却变成了"The Voltka is strong but the meat is rotten"，意思是"伏特加酒是浓烈的，但肉却腐烂了"。从字面意义上看，把"spirit"（烈性酒）翻译成"Voltka"（伏特加——一种烈性的酒）是没有什么问题的，而"flesh"和"meat"也都有肉的意思。那么这两句话在意义上为什么会大相径庭呢？关键的问题就在于，在翻译的过程中，机器翻译系统对于英语的成语并无了解，仅仅是从字面上进行翻译，结果自然差之毫厘，谬以千里。

因此，可以看出自然语言处理的两大难题归结起来是怎样处理人类语言的复杂性以及用语言描述外部世界的复杂性。人类语言是人类用来交流理解彼此、理解客观世界的工具，思想以及外界世界的复杂性造就了语言的多样化，要求自然语言处理技术应具备强大的灵活性和表达能力（图2-4）。

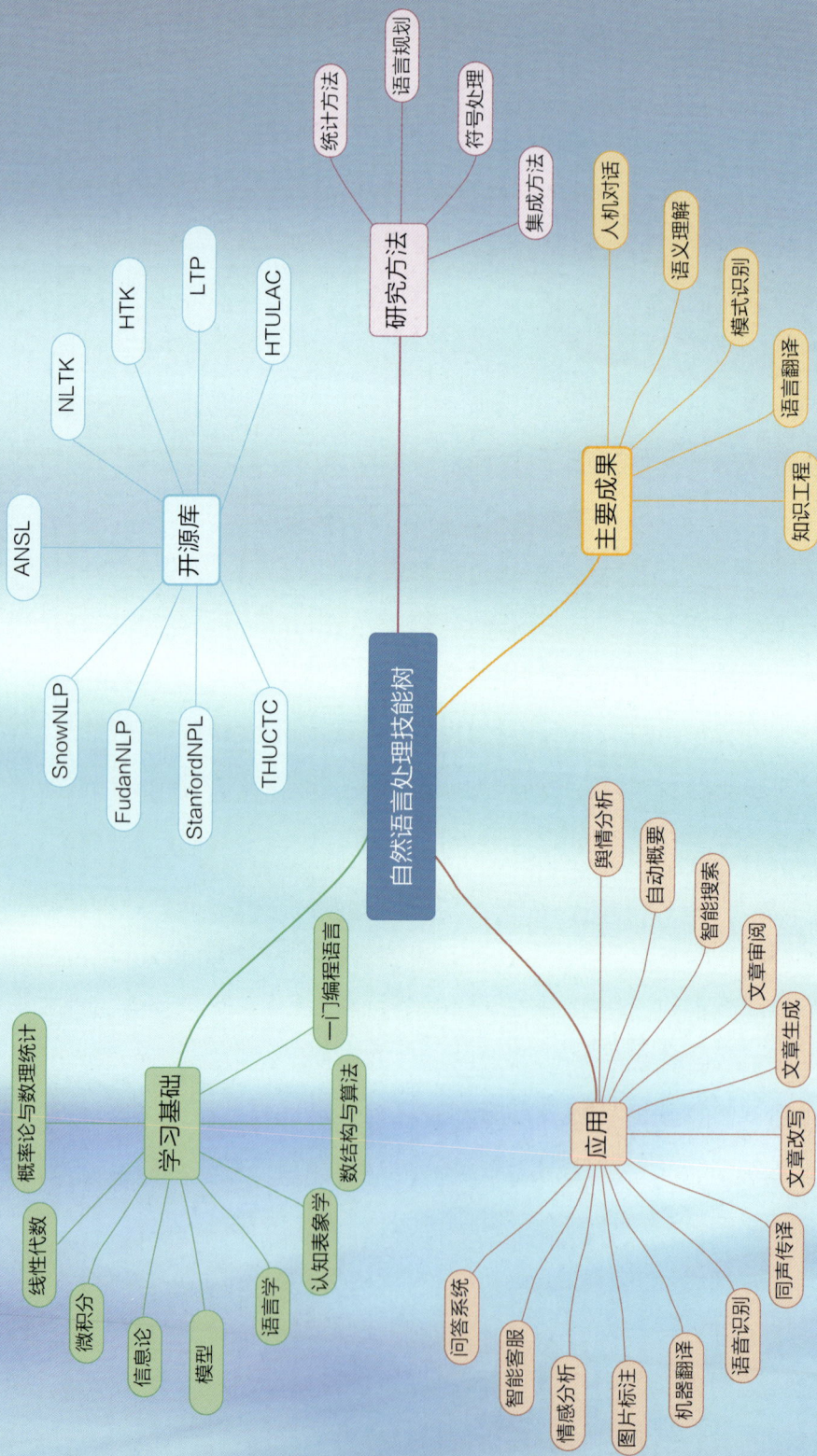

图2-4 自然语言处理技能树

自然语言处理技能树

研究方法
- 统计方法
- 语言规划
- 符号处理
- 集成方法

主要成果
- 人机对话
- 语义理解
- 模式识别
- 语言翻译
- 知识工程

开源库
- NLTK
- HTK
- LTP
- HTULAC
- ANSL
- SnowNLP
- FudanNLP
- StanfordNPL
- THUCTC

学习基础
- 概率论与数理统计
- 线性代数
- 微积分
- 信息论
- 模型
- 语言学
- 认知表象学
- 数结构与算法
- 一门编程语言

应用
- 舆情分析
- 自动概要
- 智能搜索
- 文章审阅
- 文章生成
- 文章改写
- 同声传译
- 语音识别
- 机器翻译
- 图片标注
- 情感分析
- 智能客服
- 问答系统

目前人们进行自然语言处理有两个思路：一是基于规则的理性主义，另一种是基于统计的经验主义。理性主义者认为人类的语言都是通过语言规则产生和描述的，因此只要通过适当的形式将人类语言的规则表示出来，机器将能够理解自然语言。而经验主义者则不以为然，他们认为需要通过大量的语言数据获取语言统计知识，建立语言的统计模型。因此只要有足够大的样本语言数据就可以理解人类语言。两方争论不休，谁也说服不了谁。

2. 自然语言处理技术的应用

当今，自然语言处理技术主要应用的领域为人机对话和机器翻译。

1）人机对话

人机对话最早可以追溯到 1966 年，麻省理工学院的约瑟夫·魏泽鲍姆（图 2-5）发表了一篇论文《ELIZA，一个研究人机自然语言交流的计算机程序》。文章主要描述 ELIZA 程序如何

图 2-5 约瑟夫·魏泽鲍姆

使人与计算机在一定程度上的对话成为可能，这款聊天机器人主要用于临床治疗中模仿心理医生与有心理问题的患者聊天，以解决他们的困惑。ELIZA 的工作原理就是将输入的语句分类标注，类型化后再翻译成合适的语言输出。虽然它的工作原理很简单，但是这并没有影响 ELIZA 在人工智能人机交互领域的"开创者"地位（图 2-6）。这使得后来诞生的聊天机器人都对 ELIZA 推崇至极，如果你问苹果公司开发的智能语音助手机器人 Siri：ELIZA 是谁？ Siri 会回答，ELIZA 是一位心理医生，是她的启蒙老师（"She was my first teacher！""She was a brilliant psychiatrist."）。

那么人工智能是怎么实现人机对话的呢？首先，当人机进行文字交流时，机器会将长篇的文字分解成句子，然后再把句子拆分为实词、虚词和助词等。每次拆分都是一个独立的过程，在回答句子的时候有时使用例文，有时在机器的"记忆库"

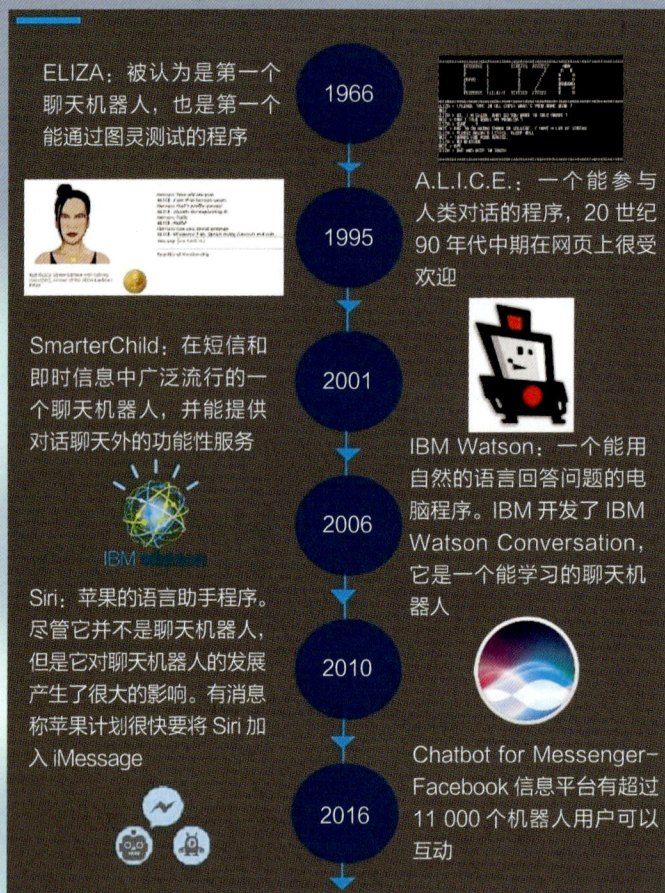

图 2-6　聊天机器人发展时间表

里输入单词从而形成回复。比较高级的人机交互会话系统则从会话数据库里分析会话的前后关系、逻辑关系以及脉络走向，从而得出更加自然的回答。

除了根据文字分析外，有声会话也相同，即需要利用声音识别和声音合成等综合技术进行分析。进行声音识别时，首先把听到的声音拆分成音素，然后逐步推测用以回答的单词。

2）机器翻译

什么是机器翻译呢？机器翻译指的是利用人工智能机器自动地将一种自然语言翻译为另外一种自然语言。例如，自动将英语"I love this world"翻译为"我爱这个世界"，或者反过来将"我爱这个世界"翻译为"I love this world"。如果所有的语言都能够通过机器准确地进行翻译，这将大大提高人类不同国家和民族之间沟通和了解的效率。因为如果采用人工翻译会需要大量训练有素的双语专家，并且翻译工作非常耗时耗力，更不用说翻译一些专业领域的科技文献时，翻译者还需要了解该领域的专业知识。现今，世界上有几千种语言，而仅联合国的工作用语就有六种，所以机器翻译的价值就更加凸现了。有了机器翻译更加"智能"地在各语种之间互译（图 2-7），这样的情景发展下去，距离巴别塔的重建之日还会远吗？

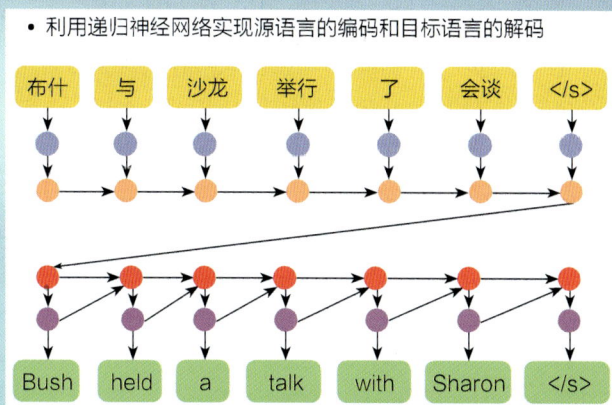

图 2-7　机器语言翻译

尽管这样，这大有用处的自然语言处理技术的发展并没有想象中的那么迅速，机器翻译的发展也遇到同样的问题。1954 年 1 月 7 日，美国乔治敦大学和 IBM 公司合作实验，成功地将超过 60 句俄语自动翻译成英语。虽然当时的这个机器翻译系统非常简单，仅仅包含六个语法规则和 250 个词，但由于媒体的广泛报道，大家仍普遍认为这是一个巨大的进步，美国政府也因此备受鼓舞，加大了对自然语言处理技术研究的投资。实验完成者也当即自信地称，在未来 3～5 年内就能够完全解决从一种语言到另一种语言的自动翻译问题。他们认为只要制定好各种翻译规则，通过大量规则的堆砌就能够完美地实现自然语言间的自动翻译。历史是不会说谎的，自然语言的处理存在着大量的困难和挑战。事实上，人工智能被作为一个科学研究问题正式提出来的时候，创始人就把计算机国际象棋和机器翻译作为两个标志性的任务，认为只要国际象棋系统能够打败人类世界冠军，机器翻译系统能达到人类的翻译水平，就可以宣告人工智能的胜利。1997 年，IBM 公司的"深蓝"超级计算机已经能够打败国际象棋世界冠军加里·卡斯帕罗夫。而机器翻译到现在仍无法与人类翻译水平相比，由此可以看出，自然语言的处理是多么的困难！

2.2   图像识别技术

视觉是人类从大自然中获取信息的最主要的手段，视觉是智能的基石。据统计，在人类获取的信息中，视觉的信息大约占60%，听觉信息大约占20%，其他如味觉信息、触觉信息等加起来约占20%，由此可见视觉信息对人类的重要性。图像是人类获取视觉信息的主要途径，所谓"图"，就是物体透射或反射光的分布；"像"是人的视觉系统接收图的信息而在大脑中形成的印象或认识。前者是客观存在的，而后者是人的感觉，图像是两者的结合。

人的视觉处理系统可看成是一种神奇的、高度自动化的生物图像处理系统（图2-8），但是，在科学技术飞速发展的今天，人们日益感到人的视觉有它本身的不足之处。

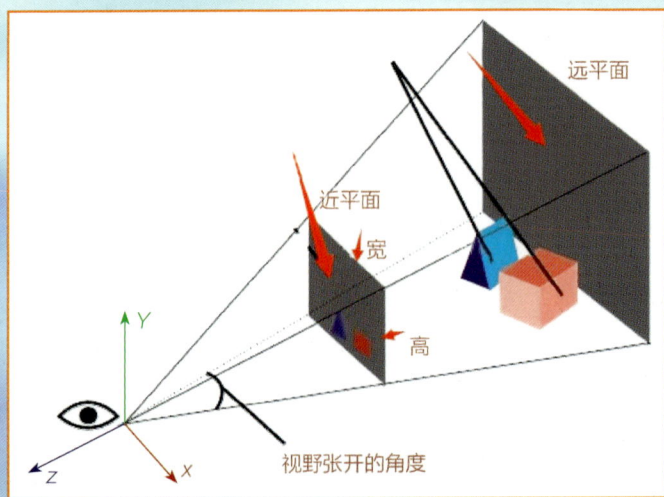

图 2-8   人的视觉处理系统

主观性：人类大脑在处理图像过程中难免有主观片面性，例如，因为个人经验不足没有发现苹果的病斑，或因粗心大意没能将裂纹蛋从正常蛋中识别出来。随着时间、场合的变化，人对相同的图像也会得到不同的观察结果。

局限性：人的视觉系统也有它的局限性，例如，因为只能看到物体表面不能看到物体内部的结构，所以不能识别苹果内的水心病等。

短时性：长时间连续的观察会使人疲劳，并且产生错误的判断。

模糊性：视觉系统很难对事物进行定量的判断。

图像识别，顾名思义，就是对图像做出各种处理、分析，最终识别我们所要研究的目标。它是人工智能的一个重要领域。其发展经历了三个阶段：文字识别、数字图像处理与识别、物体识别。

目前图像识别技术主要有以下特点：

（1）大信息量。在人工智能机器配置、运行系统、存储量满足条件的基础上，以二维信息为主的图像信息处理方式信息量大。

（2）准确度高。图像识别技术可以满足对图像准确度的要求。

（3）表现性强。图像识别技术可以通过结构法清晰地反映图像的关联关系，如果图像在存储过程或者输入过程中出现故障，图像识别系统就可以根据关联关系对其进行还原，保障了像素的精度。

（4）强人为性。人工智能图像识别后主要由人做后期评价和处理，而人为因素对图像观察与评价有很大的局限，因而易影响图像识别的质量。

（5）图像高清。图像识别技术可以实现对图像的还原处理，使图像十分清晰。

（6）强灵活性。图像识别技术利用线性与非线性图像处理功能获取图像信息和数据，可以将多个图片进行组合，图像处理效果灵活度高。

1. 图像识别技术的原理

其实，图像识别技术的原理并不复杂，与人类的图像识别在原理上并没有本质的区别。人类识别图像时，首先依据图像所具有的本身特征将这些图像分类，然后通过各个类别图像所具有的特征将图像识别出来。当看到一张图像时，我们的大脑会迅速感应到是否见过此图像或与其相似的图像，其实在"看到"与"感应到"的中间经历了一个迅速识别的过程，在这个过程中，我们的大脑会根据存储记忆中已经分好的类别进行识别，查看是否有与该图像相同或类似特征的存储记忆，从而识别出是否见过该图像。

图像识别技术也是如此，它通过分类并提取重要特征而排除多余的信息来识别图像。其重点是寻找图像的特征，如英语大写字母中，A有个突出的尖角，O有个圈，而Y则基本可以视为由线条和锐角、钝角所组成。通过对于特殊信息，也就是突出特征的捕捉和识别，才能判断这个图像的内容和性质，并且分析它所代表的含义（图2-9）。

图像 → 图像预处理 → 图像底层特征提取 → 图像特征编码 → 图像分类 → 类别

图2-9　人工智能的图像识别过程

基于人工智能的图像识别过程包括信息数据的获取、信息数据预处理、特征抽取与选择、分类器设计与分类决策。

1）信息数据的获取

信息数据的获取是图形识别的基础。机器利用各类传感器将声音和光等特殊信号转化为电信号，从而获取所需的数据和信息。在图像识别技术中，所需要获取的信息是图像的特征和特殊数据，这些信息和数据要求能够区分图像之间的特征，将其存储于机器的数据库内，则可以用于之后步骤的展开。

2）信息数据预处理

信息数据预处理过程是对图像进行去噪、变换以及平滑等处理操作，将图像的特征和重要信息突显。

3）特征抽取与选择

特征抽取与选择是图像识别技术中的核心内容，就是对图像进行特征的抽取与选择，尤其是识别模式中，对于特征的要求更为严格，这决定着图像最终能否成功识别,也就是将不同图像的特殊特征进行提取,选择能够区分图像的特征,并且将所选择的特征存储,让机器记忆这种特征。

4)分类器设计与分类决策

分类器设计与分类决策是图像识别的最后一步,分类器设计是指以有效的程序制定出一个识别规则,这种识别规则能够按照某种规律对图像进行识别,而不是盲目混乱地进行识别,借此识别规律能够将相似的特征种类突显,使图像识别过程的辨识率更高,之后通过对特殊特征的识别,完成图像的评价和确认。

2. 图像识别技术的常见形式

1)模式识别形式

在图像识别技术中,模式识别是利用人工智能进行计算,与数学原理的推理相结合,自动完成对图像诸多特征方面的识别的,并在识别过程中客观评价上述特征。模式识别通常可分为学习和实现两个阶段,学习阶段的本质是存储过程,即提前采集存储图像样本、特殊信息及特征,根据人工智能存储能力按照识别规律对熟悉的聚合信息进行分类识别,并形成可识别相应图像的人工智能程序。实现阶段强调图像完全与脑中的模板相符,基于此实现识别过程。实际应用中,在识别方面人工智能与人脑之间存在的差异还比较大,但在人工智能识别中可结合以前记忆过程中的特征、数据及信息,逐一匹配捕捉最新图像的信息,如果根据既定规律可完成匹配,表明已识别出图像。但该识别形式具有一定的局限性,对于某类特别相似的特征,易产生识别错误情况。

2)人工神经网络形式

目前应用较多的一种图像识别技术形式就是人工神经网络形式,该技术对人类及动物神经网络分布特征进行模拟。与传统图像识别技术相比较,图像特征被提取和捕捉后,可映射在人工神经网络程序中,对图像实现更全面、精确的识别,并分类进行处理。

3）非线性降维形式

非线性降维技术属于高维形式的识别技术，技术优势是能够有效识别较低分辨率的图像。非线性降维形式的图像识别需在短时间内完成大量计算，将降维按照非线性与线性划分成两类，相比较而言，更简单且具有更突出效果的是非线性降维形式。诸如利用非线性降维实现的人脸识别，由于人脸图像在高维度空间内分布不均，不能有效提取突出的特征信息，而非线性降维形式能够明显提高人脸辨识度，进而提高了图像识别的准确度（图2-10）。

图2-10 非线性降维形式

未来，图像识别技术将呈现高速发展。基于学习的物体视觉和基于几何的空间视觉继续"相互独立"进行。基于视觉的定位将更趋向"应用性研究"，特别是多传感器融合的视觉定位技术。人工智能图像识别与处理不仅仅局限于平面图像，还可实现空间转换（图2-11），使得图像处理更为全面。通过对人工智能系统功能的优化，图像识别技术在很大程度上会提高机器的运行效率，从而保证了图像识别的清晰度，给图像识别的具体应用提供了更好的条件。

图2-11 图像识别技术的空间转换

2.3　机器学习

　　围棋是一种策略性的两人棋游戏，在中国古代被称为"弈"。围棋使用方形格状棋盘及黑白二色圆形棋子进行对弈，棋盘上有纵横各 19 条直线将棋盘分成 361 个交叉点，棋子落在交叉点上，双方交替行棋，以围地多者为胜。围棋规则没有多复杂，但是了解这个游戏的最终目的却非常难，因为它并不像象棋那样，有着直接明确的目标，在围棋里，完全是凭直觉的，甚至连如何决定游戏结束对于初学者来说都很难。

　　2014 年，一个叫 AlphaGo（阿尔法围棋）的智能机器人横空出世，很快在围棋界站稳了脚跟。

　　2015 年 10 月，AlphaGo 以 5：0 的悬殊比分击溃了欧洲围棋冠军。

　　2016 年 3 月，韩国职业九段棋手李世石迎战 AlphaGo，最终以 1：4 输掉了比赛。

　　2017 年 5 月，AlphaGo 在中国乌镇挑战中国围棋现役第一人柯洁，赛况激烈，堪称世纪对决，最终以 3：0 战胜了柯洁。

　　几场震惊世人的比赛，AlphaGo 都以不败的战绩傲视棋坛，大家把目光都集中在 AlphaGo 是怎样下棋的这个焦点上。

　　这里就不得不提到支持 AlphaGo 提高棋技、打败人类选手的三大"武功绝学"：深度神经网络、蒙特卡洛树搜索和机器学习。

1. 深度神经网络

　　前文提到人工神经网络，深度神经网络是包含超过一个认知层的人工神经网络。对于人工智能而言，它的世界是由数字呈现的。人类科学家为它设计了不同的认知层来解决不同的问题，这种具有许多"层"的人工神经网络就被称为深度神经网络（图2-12）。

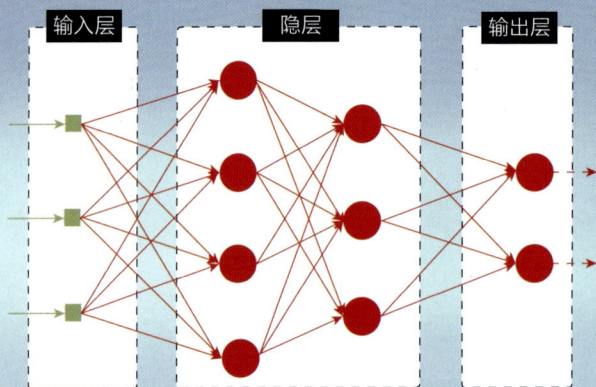

图2-12　深度神经网络

而 AlphaGo 包含了两种深度神经网络：价值网络和决策网络。价值网络能让 AlphaGo 清晰地分析战局，判断局势，找到最优的解局方式；而策略网络则使 AlphaGo 可以优化每一步棋子，以减少失误。

2. 蒙特卡洛树搜索

蒙特卡洛树搜索是一种搜索算法。人工智能在利用它进行决策判断时，会从根阶段开始不断选择分支子节点，通过不断地决策使得游戏局势向人工智能预测的最优点移动，直到模拟游戏胜利（图2-13）。人工智能的每一次选择都会同时产生很多个可能性，它会进行仿真运算，推断出可能的结果再做出决定。

3. 机器学习

回顾人工智能的历史，一个很重要的能力在促使它不断地向前进步，这就是机器的学习能力。这里所说的"机器"，指的就是计算机（电子计算机、光子计算机或神经计算机等）。除了人工智能的"明星"AlphaGo，其他的可以识别图像、

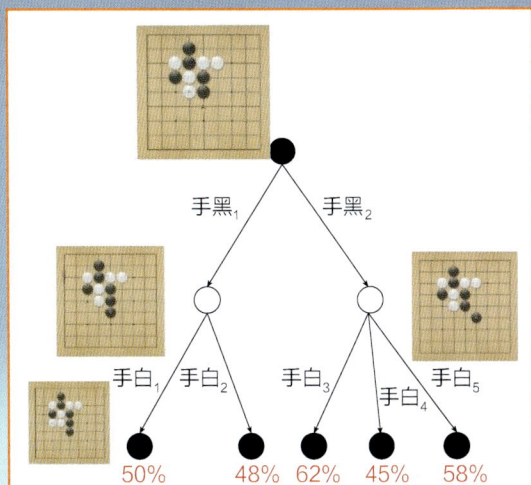

图 2-13 蒙特卡洛树搜索

识别声音的机器人也都是利用了人工智能的学习能力。这个与"人类学习"相对应的学习能力被称之为"机器学习"。机器学习专门研究计算机怎样模拟或实现人类的学习行为，以获取新的知识或技能，重新组织已有的知识结构使之不断改善自身的性能。

机器学习也是靠计算机的算法得以实现的。不断发展的机器学习的算法有很多种，最常见的就是收集大量的数据，然后通过一种特殊的算法对机器进行训练，以使机器逐步学习从而可以提取这些数据背后的含义。机器学习是人工智能的核心，是使机器具有智能的根本途径。

机器学习与其说是机器获得新的想法和知识，倒不如说是它不断地调整已经形成的结果、不断地积累知识的一种过程。人类是有办法和有能力产生新的思维的，但就目前来说，人工智能还没有办法达到这样的目标。

机器学习从形式上分为监督学习、无监督学习、强化学习以及深度学习。

1）监督学习和无监督学习

监督学习是使用已知正确答案的示例来训练机器的学习方法。训练时首先提供给机器有标签的数据进行学习，目的是让它能够正确地判断无标签的数据，即人类要监督机器的学习方向。

相反，无监督学习是指机器在没有固定指令的前提下，对于无标签的数据进行学习，无监督学习的目标不是告诉机器怎么做，而是让它自己去学习怎样做事情。显然，从聪明程度上来看，两者有很大的区别（图2-14）。

监督学习是指提供给机器一定的指令，让机器按照指令在一定的方向上学习

无监督学习指机器在没有固定指令的前提下，依靠自己的能力收集数据进行自主的学习

图2-14　监督学习和无监督学习

我们举个例子，比如说想要训练机器完成在一系列照片中找出"人工智能小超人"的照片，对于监督学习，就要给机器提供很多张有"人工智能小超人"特征的图片中，告诉它什么是对的、什么是错的，这样，经过一段时间训练的机器就会对这些指令有记忆，从而得出一个预测模型，当再次给出一个有"人工智能小超人"特征图片的时候，机器就可以通过预测模型判断这张有"人工智能小超人"特征的图片所表现的是不是它所要找的对象。

而无监督学习恰好相反，比如同样一堆有"人工智能小超人"特征的图片，这个时候不对这些图片进行标签，而是让机器自动去判断，哪些图片比较相像，然后把相像的图片归为一类，所以，无监督学习强调的是按数据特征将对象进行归类。因为这一特性，无监督学习是目前训练机器的主要方向。想象一下，未来是难以预测的，因此人类无法实时地根据环境的变化给予机器相应的指令，在没有指令的情况下，机器需要通过自我学习和自主学习以提高复杂的适应环境的能力。

这就像考试，对于有标准答案的题目，答题者可以很快地找到解答方法，而那些没有标准答案的题目，答题者就需要综合以往所有知识并加上自我解析题目的能力综合考量，从而得出答案。

2）强化学习

强化学习的目的是让机器学习如何做一件事情，以及如何根据不同的情况选择不同的行动。机器在交互式环境中通过一系列试验并利用每做一次试验后环境给出的奖惩来不断地改进策略（即在什么状态下采取什么动作），以求获得最大的累积奖惩。

以棋类游戏为例，游戏开始时"棋手"并不知道下一步棋是对是错，不知道哪步棋是制胜的关键，如果通过一定的下棋方式对弈到最终，其结果是胜利，那么机器就学习记忆这种下棋方式，如果按照这种下法最后输了，那么机器就得出不这样下的结论。这样，在不断地自我对弈的过程中，机器会逐渐筛选出最优的下棋方式。

我们再通过一个例子进一步理解机器在强化学习和监督学习方面的差异性。

强化学习：如果一个赌徒没有初始数据集，那么，他只能通过某种策略去获取测试赌博机摇杆的机会，期望能在整个测试过程得到最好的收益。

监督学习：这个赌徒一开始就统计了所有用户在赌博机上的收益情况，然后进行监督学习得到模型。等赌徒操作赌博机摇杆时，可以直接利用模型得到该摇哪个摇杆。图2-15所示为一个形象的强化学习过程示例，通过数据统计和分析，我们可以得到预先所期待实现的目标。

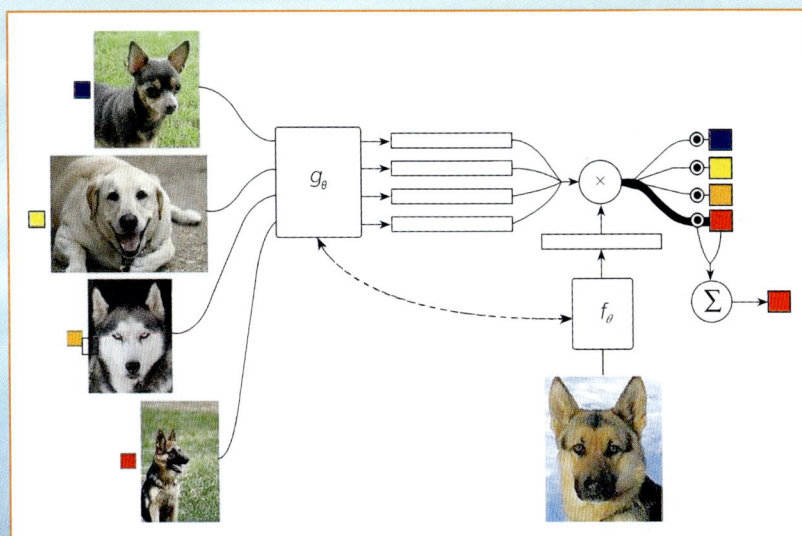

图2-15 强化学习示例

3）深度学习

深度学习是机器学习的一个新领域，它可以模拟人脑的工作模式来解释数据，如图像、声音和文本。虽然说深度学习是建立一种模拟人脑机制分析学习的人工神经网络，但是人类的学习过程往往不需要大规模的训练，所以现在的深度学习方法显然不是对人脑的完全模拟。

但是实现机器深度学习的灵感确确实实来自于人类大脑里面的神经网络。在机器中，模拟人脑的神经元是虚拟的，很多虚拟的神经元集合在一起，就得到一个虚拟的人工神经网络。将人工神经网络中的每个神经元视为一个简单的统计模型：它接收一些输入，并且传递一些输出。为了使人工神经网络发挥更大的作用，它需要不断地接受训练。训练人工神经网络的第一步是初始化各神经元的"权重"，各神经元的权重定义了它们怎么与其他神经元输出的数据（数字化的图片或音频）交互。如果人工神经网络没有准确地识别输入，例如在图像中无法识别脸部，那么系统将重新调整权重，即给予每个神经元不同的关注程度，以得出正确的答案。最终，在充分训练之后，人工神经网络将一致地正确识别语音或图像。由于深度学习主要建立在人工神经网络阶段式学习的基础上，它尤其擅长对图像和波形数据等一些无法形成符号的数据进行识别，所以当图形等内容通过输入层输入至人工神经网络后，机器通过阶段式学习，人工神经网络可以直接对输入的图形进行大小不同的切割并提取有特征的多尺度中间层，而后进行分型。比如输入汽车的图像到输入层，而后进入人工神经网络中间层进行切分，图像从细节的构建、整体构造到轮廓都可以被提取出来。深度学习在图像提取、分类上的优势如图 2-16 所示。

我们可以通过一个简化图例来理解信息在复杂的人工神经网络中是怎样被传递的。图 2-17 中的圆圈表示一个"神经元"，它可以接收多个输入，而只产出一个输出结果，是或否。

举个例子，如果你有想去饭店吃饭的想法，但是否能成行受三个因素影响。

有没有可以约的人

有没有适合出行的天气

有没有评分较高的饭店

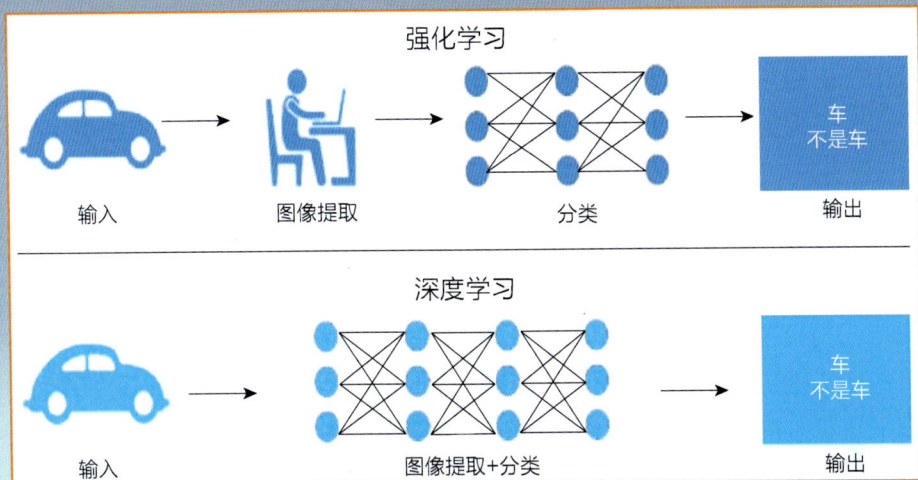

图 2-16　深度学习在图像提取、分类上的优势

然后根据这三个因素对出行的影响，赋予不同的权重，影响越大，权重越高。

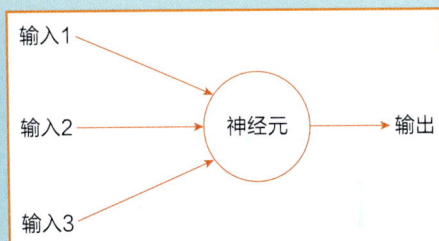

图 2-17　信息在复杂的人工神经网络中的
传递过程

有没有可以约的人（权重为 5）

有没有适合出行的天气（权重为 8）

有没有评分较高的饭店（权重为 10）

接下来为了得出结果制定规则。

如果符合条件的因素大于 13 则出行（结果为是）

小于 13 不出行（结果为否）

在现实操作过程中，人工神经网络的智能也是会经常出错的，因此它最需要的就是"训练"，即需要成百上千甚至几百万条信息来训练它，直到神经元输入的权重都被调制得十分精确。

现在，经过深度学习算法训练的图像识别在一些场景中甚至可以比人类做得更好：从识别猫，到辨别血液中的早期癌症标志物，乃至可以识别核磁共振成像中的肿瘤。

当然，机器的学习能力并没有达到尽头，也不会达到尽头。2017 年 10 月 18 日，AlphaGo 的开发团队 DeepMind 又推出了 AlphaGo Zero。它从零基础开始，只经过 40 天的围棋训练，便以 100 : 0 的全胜战绩击败了 AlphaGo Master。

它的训练方式采用的就是完全不基于人类经验的自主学习算法，是深度学习算法的升级版——深度强化学习。

我们可以用 AlphaGo 的发展历程来说明机器智力的升级过程（图 2-18）：AlphaGo 先是学会了如何下围棋，进入了机器学习的监督学习阶段，然后 AlphaGo 的新成员开始进行自己与自己的下棋训练，摆脱了人类给它命令的阶段，进入了无监督学习的状态，它用训练自己人工神经网络的方法，不断地与自己下棋，反复地下，永不停歇，最后 AlphaGo Zero 成功地实现了深度强化学习。

图 2-18 不断前行壮大的 AlphaGo

既然要让机器努力学习，就得有东西（大量数据）可学。人类每时每刻的每个行为都可以变成数据，但在前互联网时代，这些数据都不可能被轻易地记录和保存下来。随着互联网和物联网的发展，网络带宽不断地增加，存储的硬件成本不断降低，全球人类产生的数据呈爆发性增长，为人工智能的发展提供了源源不断的营养。

大数据的营养有了，计算程序还要经过大量运算，才能对这些营养进行"消化""吸收"，变成各种各样的模型，机器才能够模拟人类的智能。从前，科学家使用传统的 CPU 进行模型训练，运算过程少则几天，多则几个星期，效率非常低。应用了 GPU、FPGA 和分布式运算等新的运算加速技术以后，模型训练的效率大大提高了，有实际应用价值的人工智能程序也一个接一个地涌现出来。

可见，机器学习的能力会变得越来越强大，机器也会变得越来越"智能"。但是无论是强化学习还是深度学习都不会打败或淘汰其他学习算法而独自存在。科学的发展不是战争而是合作，人工智能技术只有互相借鉴、博采众长，站在巨人的肩膀上，才能不断地发展。

4. 为什么围棋是人工智能难解之谜

杰米斯·哈萨比斯，DeepMind 创始人，也是 AlphaGo 之父（图 2-19），他曾说过，"人类已经研究围棋几千年了，然而人工智能却告诉我们，我们甚至连其表皮都没揭开"。为什么围棋是人工智能的难解之谜？

图 2-19　AlphaGo 之父杰米斯·哈萨比斯（左）、韩国围棋手李世石（中）和谷歌公司董事长施密特（右）

因为围棋这个游戏只有两个非常简单的规则，而其复杂性却是难以想象的，是没有办法穷举出所有可能的结果的，围棋的几十步下法内的可能性已超过宇宙中的原子总数 10^{90} 这个数量。如果我们需要做出一种更加聪明的算法来与世界围棋冠军比赛，将面临两个大的挑战：

（1）搜索空间庞大（分支因数就有 200）。在围棋中，平均每一个棋子就有 200

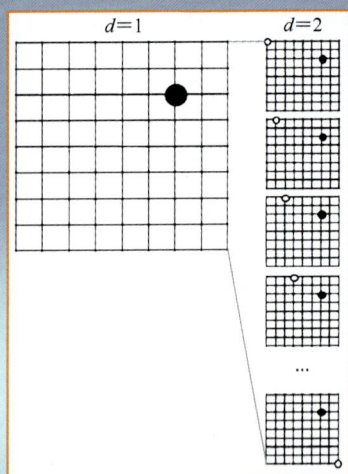

图 2-20　如何评估所有可能的落子点

个可能的位置（图 2-20），而象棋仅仅是 20，因此，围棋的分支因数远大于象棋。

（2）比这个更难的是，几乎没有一个合适的评价函数来定义谁是赢家，赢了多少，而这个评价函数对于人工智能系统是至关重要的。对于象棋来说，写一个评价函数是非常简单的，因为象棋不仅是个相对简单的游戏，而且是实体的，只用数一下对弈双方现场的棋子，就能轻而易举地得出结论。你也可以通过其他指标来评价象棋，比如棋子的移动性等，所有的这些因素在围棋里都是不存在的，以至于每一次落子对于围棋棋局都有着至关重要的影响。

最难的部分是，象棋是一个毁灭性的游戏，游戏开始的时候，所有的棋子都在棋盘上了，随着游戏的进行，棋子被对方吃掉，棋子的数目不断地减少，游戏也变得越来越简单。相反，围棋是个建设性的游戏，开始的时候，棋盘是空的，下棋双方交替落子，把棋盘填满。因此，如果你准备在中场判断一下当前形势，在象棋里，你只需看一下当前的棋盘，就能得出大致的结论；而在围棋里，你必须评估未来可能会发生什么，才能评估当前的局势，所以相比较而言，评估围棋比评估象棋要难得多。也有很多人试着将"深蓝"的技术应用在机器下围棋的技术上，但是结果并不理想，这些技术连一个人类专业的围棋手都打不赢，更别说是世界冠军了。

因此，大家就要问了，连机器操作起来都这么难，人类是怎样解决这个问题的呢？其实，人类是靠直觉的，围棋就是一个靠直觉而非靠计算的游戏。所以科学家们采用强化学习的方式来提高人工神经网络的算法性能，通过深度神经网络模仿人类的这种直觉行为，就能够解决这一问题。在这里，需要训练两个神经网络，一种是决策网络，设计者们从互联网上下载了成百万的围棋棋谱，通过监督学习，让 AlphaGo 模拟人类下围棋的行为，从棋盘上任意选择一个落子点，训

练机器预测下一步人类将做出什么样的决定；而机器的输入是在那个特殊位置最有可能发生的前五或者前十的位置移动；这样，机器只需分析 5～10 种可能性，而不用分析所有的 200 种可能性了。

一旦有了这个技术，设计者们先对机器进行几百万次的训练，通过误差加强学习，对于赢了的情况，让机器意识到，下次出现类似的情形时，更有可能做出相似的决定。相反，如果机器输了，那么下次再出现类似的情况，就不会选择这种下棋的方法。之后设计者给机器建立了自己的数据库，再通过几百万次的对弈，对机器进行训练，即得到第二层人工神经网络，通过选择不同的落子点，在置信区间进行学习，即可以得出能够赢的方法，这个概率介于 0～1 之间，0 是根本不可能赢，1 是百分之百赢，如图 2-21 所示。

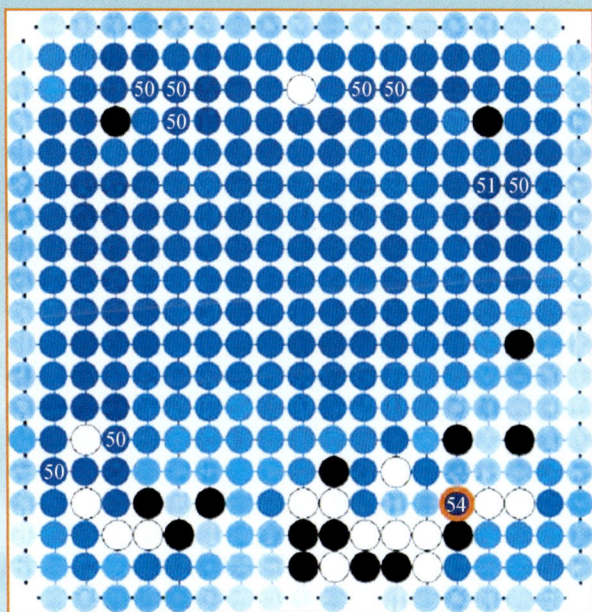

图 2-21　深色胜率大，浅色胜率小

制造会游戏和下棋的机器，并不是要打败人类，而是要为现实生活中人工智能的广泛应用铺平道路。识别、决策、生成是人工智能的核心应用，它可以帮助人类提高决策效率。

2.4　会服务的人工智能

从理论上讲，人类能够完成的任何一种重复劳动，甚至人类无法完成的许多重复劳动，都能通过人工智能的算法让机器学习。一旦机器通过模型训练成功，它就可以像人类一样能看、能听、能想、能说、能动。

下面，我们走进日常生活，看看人工智能技术的几个应用场景。

1. 自动驾驶和无人驾驶

自动驾驶是指可以帮助驾驶员转向和保持在车道内行驶，实现跟车、制动以及变道等操作的一种辅助驾驶系统。驾驶员可以随时介入对汽车的控制，并且驾驶系统会在特定环境下提醒驾驶员介入操控。

无人驾驶汽车也配备有各类传感器和相应的控制驱动器，但是取消了方向盘、加速踏板和制动踏板，汽车在没有人为干预影响的情况下能自主完成行驶任务。

汽车的智能驾驶应具有"智慧"和"能力"两层含义，所谓"智慧"是指汽车能够像人一样智能地感知、综合、判断、推理、决断和记忆；所谓"能力"是指智能汽车能够确保"智慧"的有效执行，可以实施主动控制，并且能够进行人机交互。因此，无人驾驶技术就是智慧和能力的有机结合，两者相辅相成，缺一不可。

让我们一起回顾一下自动驾驶和无人驾驶技术的发展历程吧。

1921 年 *World Wide Wireless* 上的一篇论文中提出，通过无线通信技术可实现无人驾驶技术。1955 年美国 Barret Electronics 公司研制出了第一台自动引导车辆系统 AGVS（automated guided vehicle system）。其后的半个世纪，德国慕尼黑联邦国防军大学、美国俄亥俄州立大学都在推进无人驾驶技术的研究。

众多汽车厂商相继开展了相关的研究。其中以特斯拉汽车公司最广为人知，特斯拉汽车公司开发了自动驾驶系统 Autopilot，并安装在了 8 万辆 Model S 上。

此外，以谷歌公司为代表的 IT 企业在自动驾驶领域的表现也十分抢眼，谷歌公司于 2009 年开始研发无人驾驶技术。2013 年，苹果公司也开始进军汽车领域，开发了智能车载系统 CarPlay。CarPlay 能够支持电话、音乐、地图、信息和第三方音频应用程序。

相比之下，我国在自动驾驶方面的研究起步稍晚。从 20 世纪 80 年代末开始，国防科学技术大学先后研制出基于视觉的 CITAVT 系列智能汽车。之后清华大学在国家 863 计划的资助下从 1988 年开始研究开发了 THMR 系列智能车。中国第一汽车集团有限公司、上海汽车集团股份有限公司等企业也纷纷涉足自动驾驶。百度公司也在 2013 年开始了百度无人驾驶汽车的项目，其技术核心是"百度汽车大脑"，包括高精度地图，定位、感知、智能决策与控制四大模块。

汽车要实现自动驾驶甚至是无人驾驶需要突破哪些技术呢？

1）环境感知

环境感知是汽车自动驾驶和无人驾驶的数据基础，它可以提供汽车周边环境的状况（图 2-22）。汽车不但需要知道自己所在的位置，还需要获取道路的属性、周边物体的属性和交通设施的属性。

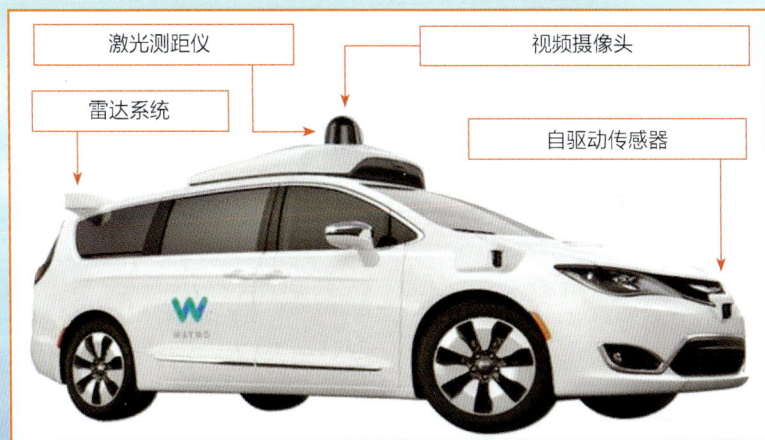

图 2-22　自动驾驶和无人驾驶的环境感知

在这个层面上，视频分析、雷达成像分析等人工智能手段是完成环境感知的最重要的组成部分。这一部分的技术发展已是突飞猛进，例如，对汽车、摩托车、行人、动物、障碍物的识别模型和大量的数据训练能够保证自动驾驶汽车很高的识别正确率。但是，机器学习本身，即使在理论上，都无法保证绝对（100%）的正确。这在无人驾驶中就成为不可原谅的缺点。如果环境感知不能确保绝对的正确，那么如何保证决策绝对的正确性，如何保证行车绝对的安全性呢？人们肯定也不会购买有潜在事故发生概率的无人驾驶汽车。

因此，在环境感知层面，人工智能与工程手段将会起到相互补充的作用，从而实现对环境的正确感知。其中非常有潜力的一项技术就是 V2X 技术，它会将所有的交通基础设施和每辆车都贴上标签，实时地播发相关信息，从而使每部汽车都能直接获取周边的情况，再结合其他传感器，实现信息冗余，从而保证无人驾驶汽车对环境的正确感知。

2）决策协同

决策协同决定了无人驾驶汽车的行驶速度、方向、线路等根本问题（图 2-23）。基于程序控制的汽车完全能够实现自动驾驶，但是，它只能运行在有限的场景之中，极度缺少应对能力，并且会消耗大量的程序分析和维护时间（系统越复杂，维

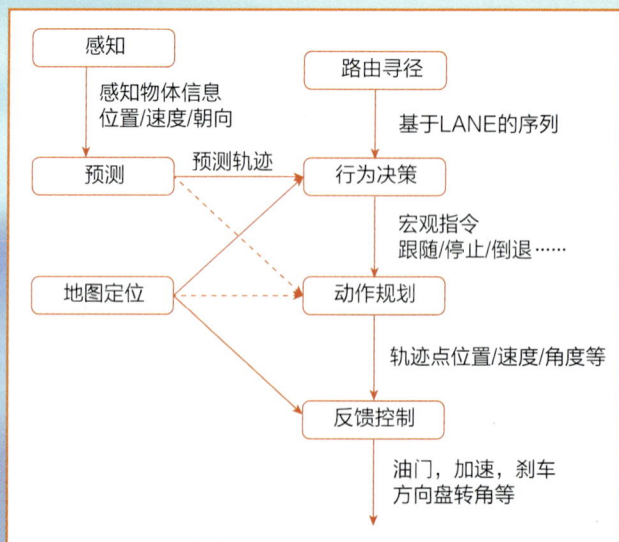

图 2-23　无人驾驶汽车的决策协同系统

护成本越高）。

尽管基于机器学习的人工智能技术在决策协同领域有着无可比拟的优势：自我完善，维护成本越来越小，具有较强的适应和应变能力，但也会遇到一些奇奇怪怪的障碍。

（1）无规则。在现实生活中，交通规则不会被每一个人绝对遵守，而围棋的规则至少在正规比赛中双方都是需要绝对遵守的。如果李世石偷偷在棋盘上多放一个棋子，AlphaGo 会怎么处理呢？应该重构整套模型吧，这也是大家调侃谷歌公司不敢挑战中国麻将的原因。一个随时可以被打破的规则（闯红灯、超速、逆行、人行横道线抢行等）就是没有规则。这样的模型建立恐怕绝不亚于"通用人工智能"的难度。所以，唯一解决的方法就是要建立一个必须被绝对遵守的规则，将那些可能不遵守规则的参与者（机智灵活的人类）全部剔除，于是交通道路上就只剩下无人驾驶汽车本身了。

（2）规则重塑。在一个只有无人驾驶汽车的交通路网上，机器的驾驶行为将会完全不同于人类的驾驶行为。例如，人类在高速公路上行驶时需要保持 100 米左右的车距，其原因是人类受其自身生物能力的限制，即高速行驶时视觉会狭窄化、反应时间会加长。而此时机器完全不需要顾及人类生物能力的限制，它可以根据自身的反应时间、信息处理的范围和能力重新定义交通规则。例如，无人驾驶汽车在高速公路上行驶时，车速完全可以提升到 200 公里 / 小时，甚至 300 公里 / 小时，车间距离也可以缩小到数米甚至完全对接，对高速公路的路况（坡度、转弯半径、车道宽度）也可以放松要求，新的规则将保证无人驾驶汽车的安全运行。

（3）汽车之间互学习。设想一下，在只有无人驾驶汽车行驶的道路网中，汽车的驾驶行为和我们现在人类的驾驶行为将会大相径庭。人类的驾驶行为可以作为汽车自己学习驾驶的起点。人类开车时是如何保持车距，以及如何在拥堵时协作排队；如何变道、转弯、掉头，对于无人驾驶汽车而言都是可贵的经验。以此为巨人的肩膀，在既定规则下，向无人驾驶道路网投入已经学会了人类开车方式的汽车，让它们之间相互协作、相互学习，优化自己的驾驶效率。就如同两个 AlphaGo 进行对弈，相互学习围棋技艺，猜猜看谁的胜率会更高呢？

3）控制执行

控制执行是对决策的执行，例如，决策需要5秒内加速到80公里/小时，那么该喷多少汽油，发送机转速要多快等，这些完全是工程领域需要解决的问题，是精确的控制领域，这就需要无人驾驶汽车对命令坚决和精准地执行，这个因素就和人工智能无关了。

这三个技术上的难关是无人驾驶汽车发展方面所要面临的重大问题，它们的存在使得完全基于程序控制的无人驾驶汽车很难在现实中获得大规模的普及。但是，这种控制程序却是必不可少的，其精确、可预见等特点将与人工智能的识别技术共同为汽车提供可靠的环境感知，从而提高驾驶的安全性。让我们共同期待更多无人驾驶方面的技术不断地变革吧，相信不久的将来，无人驾驶汽车可以变成我们出行的主要工具，我们的城市也会变得更加安全、有序。

2. 智能家居

不知你想象过没有，假如你拥有一个智能家居管家将是什么样的情景？你所有的事情它都能帮你打理得井井有条，还能作为你的秘书，帮你处理事务性信息。因为有了智能家居管家，你的住宅好像是一个智能的生命体，和你一起呼吸，一起感受外界的变化，并能积极地应对环境的变化，自动做出调整。例如，你每天晚上回家的时候，灯是打开的，并且已经调整到了你最舒适的亮度；空调也已经打开，湿度、温度都是你平时最喜欢的；整个房间智能电器会根据你的行为特点，自动地完成一系列的操作，背景音乐可以根据你的情感来调整，当你悲伤的时候，灯光将变暖，背景音乐也会变得舒缓和温柔，这是不是很体贴呢？

这个能把家里各项事务都管理好的智能家居管家就是由我们人类创造出来的，它不是一个生物体，没有"血"，没有"肉"，有的是芯片、传感器、电阻、电容等，而它的聪明与否，是否能按照你的意愿去工作，最终取决于它的"大脑"，即中央处理器（CPU）和软件系统。处理器决定它处理事情的能力，而软件系统决定它处理事情的效率。

纵观人工智能的发展，它与智能家居的关系可以分为三个阶段：控制—反馈—融合。

第一阶段是控制：也就是远程开关、定时开关等控制方式（图 2-24）。

图 2-24　智能家居的控制

第二阶段是反馈：把通过智能家居或可穿戴设备获得的数据通过智能家居管家反馈给主人，如"最近几天看电视有点多哦"。

第三阶段是融合：当主人跟智能家居管家聊天的时候，智能家居管家感知主人的心情后，就可以问主人要不要听一段音乐，或者直接播放一段主人平时听得较多的音乐。

较多的音乐。

　　家庭住宅是承载智能家居的平台，在住宅房屋里利用物联网技术让智能硬件（智能家电、安防控制设备、家具等）、软件系统、云计算平台互联互通构成一个家居生态圈，只是搭建了一个可以实现家居智能化的基础（图2-25），只有通过人工智能与大数据分析技术让智能家居设备除了能互相"沟通"之外还具备自我学习的能力，智能家居管家才能真正发挥作用。智能设备之间互联互通、自我学习，并通过收集、分析用户行为数据为主人提供个性化的服务，这样主人和智能家居管家之间就形成一种"默契"——主人通过不断地告诉智能家居管家"我需要什么""我喜欢什么"让它了解主人的喜好，智能家居管家根据主人这些特点可进行"智能推荐"。家居主人还可以通过手机实现智能家居管家远程控制。

电灯　智能门禁　烟雾传感器节点　可燃性气体传感器节点　光敏传感器节点　电动窗帘　物联网商用网关　云摄像头　温度传感器节点　湿度传感器节点　空调　智能高清电视机　移动智能终端

图2-25　智能家居的互联

　　实现家居智能化主要依赖两个重要技术的支撑：前端交互技术和后端人工智能技术。前端的交互技术主要包括语音、体感、视觉和思考，也就是赋予了智能家居设备听、感和想的类人功能，从而能更好地和人进行自然的交互；后端的人工智能技术主要包括核心算法、语音语义识别、图像识别等，这部分也是最为复杂的、最需要突破的技术。

目前家居主人和智能家居管家沟通的方式以触摸和语音语义识别为主，同时语音语义识别也越来越成为沟通的主流。语音语义识别的目的就是让机器拥有人的听觉特性，听懂人说了什么，并做出相应的动作。智能家居管家将家居主人的语音信号转变为相应的文本或命令，最后再经过输出反馈达到与家居主人沟通的目的。

在家居安防领域，智能图像识别技术是一项重要的应用。智能摄像头抓取的图像通过智能图像识别技术进行分析比对后能做出不同的响应，在异常发生时可及时将相关信息发送至主人的手机上，从而保障了家庭人身和财产的安全。

包括人脸识别技术、情感识别技术在内的一系列人工智能技术都是让机器更懂"你"从而提供"量体裁衣"的服务。现在，深度表情识别（图2-26）率已经达到97%，远远超过人类的表情识别率，而且未来还会朝99%的目标努力。深度表情识别采集设备可采集人脸图片进行表情识别，通过分析使智能家居管家能够完成对人们的情感监控与感知，它也可以解决动态的人脸表情持续性监测问题，从而做出相应的反应，例如控制灯光的亮度，用柔和的光线缓解你的压力，少而暗的光线帮助你思考，多而亮的光线使气氛更加热烈。

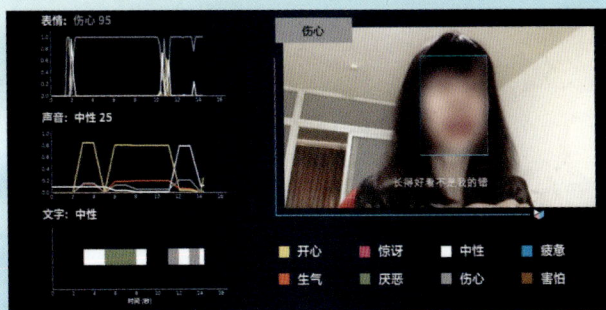

图2-26　深度表情识别

在智能家居管家的精确、温馨的管理下，我们的家居生活将出现以下的场景。

场景一：终端家电产品智能化。

通过图像识别、自动语音识别等人工智能技术实现冰箱、空调、电视等家用电器产品功能的智能升级。如一些智能冰箱内部会设置智能摄像头自动捕捉成像，基于智能图像识别技术自动识别多种食材，为家居主人建立食材库，实现食物自动检测，并可跟踪学习家居主人的习惯，推荐健康营养食谱。

场景二：家庭安防监控。

通过图像识别、生物特征识别、智能传感器等技术可实现家居外部环境监测（楼宇）、家居门锁控制、家居内部环境探测（如空气质量、烟雾探测、人员活动等）等功能。如一些人脸识别可视门锁，通过智能摄像头可采集含有人脸的图像或者视频，自动跟踪人脸，基于人的脸部特征信息进行身份识别，实现人脸识别、远程可见、智能门锁的综合功能。此外，一些智能猫眼产品人脸识别的准确率已达到99.6%，这些智能猫眼在采集住户家人信息之后，会迅速识别出家人，并进行家人回家信息播报，而如果是陌生人到访，智能猫眼也会进行陌生人报警提示，并可识别多种人脸属性，将年龄、性别等信息发送到家居主人的手机上。

场景三：智能家居控制中心（图2-27）。

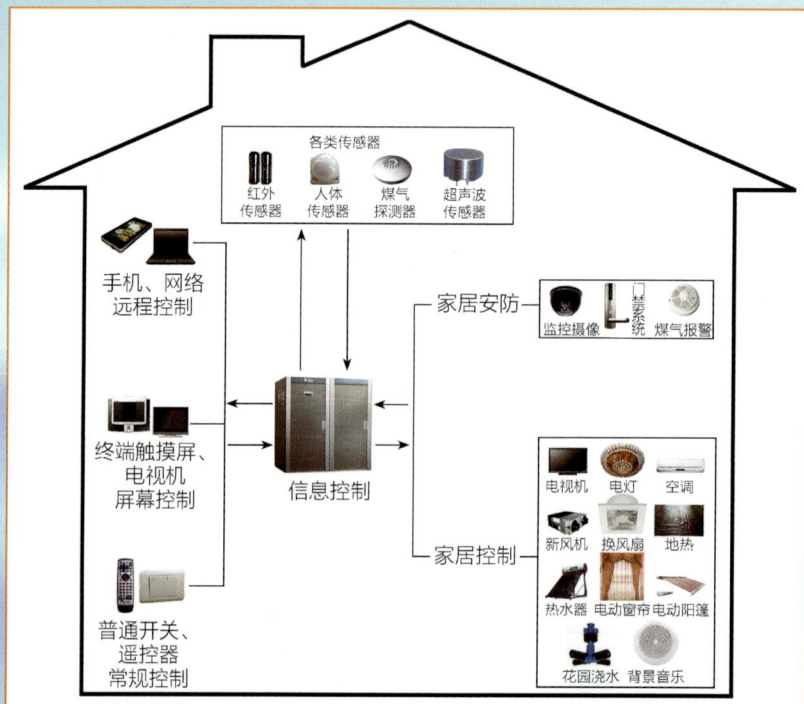

图2-27　智能家居控制中心

基于自动语音识别、语义识别、问答系统、智能传感器等人工智能技术，智能家居管家还可以操纵智能家居控制系统，实现家电、光感窗帘、照明灯等不同类型的设备互通互联，从简单的设备开关逐步走向智能化、个性化的设定。

未来，家居主人可以根据需求定制想要的人工智能管家，这个智能管家不仅熟悉主人的一切喜好和习惯，在合适的时候激活适合的电器，而且还能在无聊的时候陪主人聊聊天。不用布线、不用安装，就能拥有能分开、能组合、能控制、还可以说话的智能家居管家，这听起来是不是很美好？！

3. 智慧医疗

医疗是自古以来和我们生活息息相关的领域，关乎我们的生死，从而一直受到人们的重视。随着生活水平的提高以及生活节奏的加快，人们越来越重视自身健康与生活质量。有了现实的需求就会催生一轮又一轮的技术变革，人工智能机器在传统医疗领域也带来了一场革命。

目前在医疗领域使用较多的人工智能机器主要有四种：智能影像、医疗智能语音助理、医疗机器人和临床智能决策机器（图2-28）。

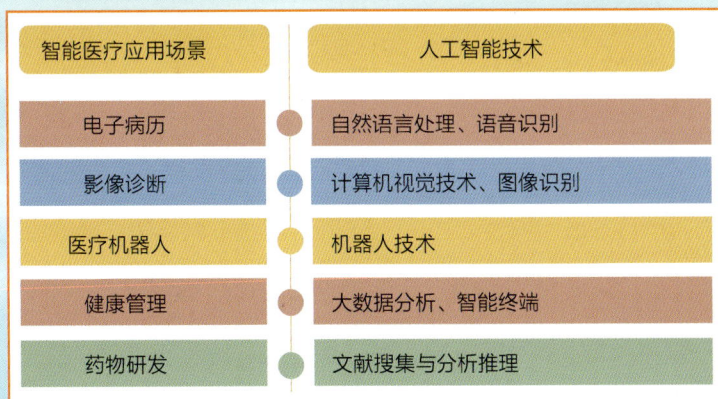

智能医疗应用场景		人工智能技术
电子病历	●	自然语言处理、语音识别
影像诊断	●	计算机视觉技术、图像识别
医疗机器人	●	机器人技术
健康管理	●	大数据分析、智能终端
药物研发	●	文献搜集与分析推理

图2-28 人工智能机器在医疗领域中的应用

1）智能影像

每一种疾病在人体某个器官内都有它相应的病变部位，医学上称之为病灶。为了寻找病灶并且诊疗疾病，先后出现了听诊器和 CT、核磁共振成像等医疗设备。目前医疗数据中有超过 90% 来自医学影像，医学影像数据已经成为医生诊断必不可少的"证据"之一。每个医学影像医生都需要花费 10～15 分钟来进行有效地诊断和报告，如果医生长时间连续审视医学影像，就会出现视觉疲劳，容易造成漏诊。智能影像（图 2-29）通过模拟人类的思考方式可对医学图像进行识别，快速、准确地标记特定异常结构，从而提高图像分析的效率。它不仅应用于医学基础图像的识别，如 B 超、CT、病理等专业图像，还应用于内镜等介入治疗现场。智能影像不仅提高医生工作效率，还可以降低误诊率和漏诊率。如果把图像识别、深度学习等人工智能技术与之融合，还可以辅助医生对癌症进行早期筛查。

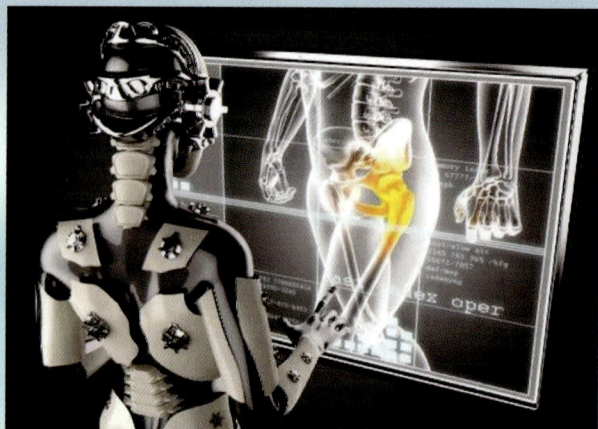

图 2-29　智能影像

2）医疗智能语音助理

医疗智能语音助理是指通过语音识别、自然语言处理等技术，将患者的病症描述与标准的医学指南作对比，为患者提供医疗咨询、自诊、导诊等服务的智能机器。

它能够满足普通患者健康咨询、导诊等需要。在很多情况下，患者身体只是稍感不适，并不需要进入医院进行就诊，医疗智能语音助理可以根据患者的描述，提供轻问诊服务和用药指导。就诊前，患者可使用医疗智能语音助理填写病情相关信息，自动生成规范、详细的电子病历发送给医生。医疗智能语音助理采用层次转移的设计架构模拟医生进行问诊，既能有逻辑地像医生一样询问基本信息、疾病、症状、治疗情况、既往史等信息，同时还可以围绕任一症状、病史等进行细节特征的问诊。除问诊外，医疗智能语音助理基于自然语言生成技术可自动生成规范、详细的问诊报告，主要包括：患者基本信息、主诉、现病史、既往史和过敏史五个部分。

此外，当放射科医生、外科医生、口腔科医生工作时，医疗智能语音助理可以解放医生的双手，通过语音识别帮助医生完成查阅资料、文献精准推送等工作，并将医生口述的医嘱按照患者基本信息、检查史、病史、检查指标、检查结果等形式形成电子病历，从而大幅提升了医生的工作效率。

以前，我们都是等到真的生病了才会去控制疾病。未来，有了医疗智能语音助理，我们可以对自己的生活方式做出积极的改变，定期为自己进行诊断，时刻预测自己身体状态的变化。

3）医疗机器人

医疗机器人的种类很多，有临床医疗用机器人、护理机器人、医用教学机器人和为残疾人服务的机器人等。目前，发展最快的是康复机器人（图2-30），它可以为那些神经受损的患者提供量身定制的治疗方案，以快速提高他们正常行动的能力。如它通过身体传感器收集患者的腿部运动、跨步和肌肉活动的信息之后，将其输入到机器预设的程序中，通过运算对患者行动提供量身定制的辅助治疗，帮助患者形成自然的步态。

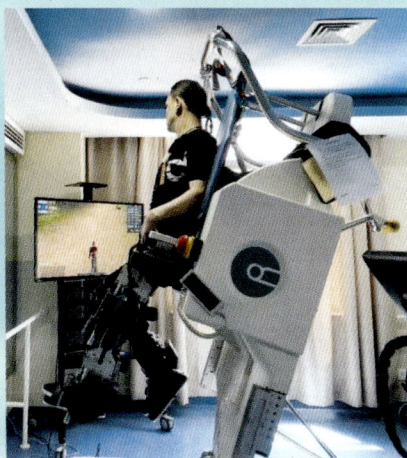

图2-30　康复机器人

4）临床智能决策机器

携带诊断决策支持系统的临床智能决策机器可辅助医生在诊断时进行决策。它所携带的诊断决策支持系统是一种主动的知识系统，通过对患者两种以上的数据进行分析，能为医生给出诊断建议，医生再结合自己的专业知识进行判断，可使诊断更加快捷、更加精准。例如，携带治疗中风的人工智能诊断决策支持系统的医疗机器，通过对大量的中风患者的脑部CT图像的识别，形成一套判断中风的程序，一旦发现患者脑部CT图像符合预设的判断标准，患者有血管闭塞的可能性，它便会自动向医生发送提示报告。

现实生活中，我们不甚了解的疾病不胜枚举，一些疾病因具有独有的特征而容易诊断，但对于一些复杂、综合的疾病，现代医学界只能使用原始、粗糙的治疗方法。未来，有了人工智能的参与，通过图像识别技术精确的诊断，再利用一系列算法和其他人工智能技术，我们就可以为每个病人提供真正的个性化干预治疗。

除了上述为我们人类服务的人工智能应用外，在当今世界发展的众多领域都有人工智能忙碌的身影。

在金融界，全球的证券市场每天都会产生大量的交易数据。著名的对冲基金桥水就曾经利用人工智能技术，通过历史数据和统计概率预测未来的金融趋势。

在新闻界，美国有一家叫作叙事科学的公司，曾推出一款名为 Quill 的写作软件，它能从不同角度将数字转化为有故事情节的叙述文。Quill 曾被用来撰写电视及网络上棒球赛事的比赛报告，福布斯网站也曾使用它自动制作财报和房地产相关报告等。

当你在网上开心地购物的时候，你自己也在不知不觉地用到了人工智能技术。利用机器学习、数据挖掘、搜索引擎、自然语言处理等多种技术，各种买买买的网站都能根据用户在网站中的点击、浏览、停留、跳转、关闭等行为，猜出你的喜好，然后把你可能喜欢的商品推荐到你眼前。

当今，芯片制造商已经在尝试将 20 世纪的超级计算机的计算能力压缩到一枚芯片上，这将极大地提升人工智能的应用范围。在未来，人工智能将会变得更加普及，我们的生活也将更加智能化。

第 3 章
科 学 体 验

人工智能重要事件

在 2018 年 11 月 7 日的第五届世界互联网大会上，全球首个 "AI 合成主播 " 正式亮相。这是新华通讯社与北京搜狗信息服务有限公司共同研究出来的合成型新闻主播。

人工智能通过扫描同样在新华通讯社的主播邱浩的外形，针对其唇形、肢体动作、眼部动作等模拟出这款 "AI 合成主播"。再通过对声音的处理，让 "AI 合成主播" 能够非常逼真地模仿出与邱浩相似的声音。最为关键的是所有的话都可以用类似于原本声音讲出来，并且还拥有着 24 小时播报的能力。

图 3-1

3.1 编程语言

1. 什么是编程

如果问什么是编程？可能大多数人会回答说，不就是"敲代码"嘛，坐在计算机前用键盘写出一行行的程序代码，通过这些程序代码的运行，实现某种计算的功能。不过追溯"敲代码"的历史，其实最早的编程并不是"敲代码"而是"写代码"，真的在纸上写出程序代码。从 1946 年第一台电子计算机发明开始，工程师们就把程序代码制作成打孔纸带、纸卡（图 3-2），再把它们输入计算机，计算机才能读取程序并运行。直到电子显示器发明并大规模应用后，才实现了纯数字化的输入，打孔纸带、纸卡才光荣地"退休"，退出了计算机编程舞台。

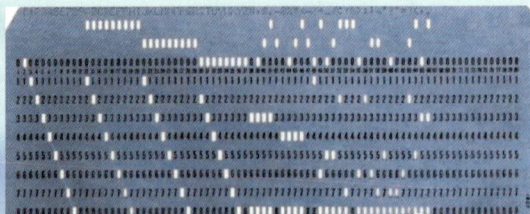

图 3-2 打孔纸带、纸卡

如果时间继续向前推移，我们会发现使用打孔纸带、纸卡编程的历史并不是因计算机"编程"的需要才被发明出来的。1805 年，拿破仑为法国纺织商人、发明家约瑟夫·雅卡尔颁发了巨额奖金，嘉奖雅卡尔发明的织布机（图 3-3）。他发明的"可设计"的织布机可以自动化地工作，极大地提高了当时织布的效率。

雅卡尔织布机的走线由一系列串接好的打孔卡片来控制。打孔卡片的每一列对应一根经线，织布机每织一次纬线时，自动根据打孔卡片当前一行每一列是否有孔，来提起或不提起对应的经线。织布机织完一行，把打孔卡片向前拉动，接着根据下一行的孔来控制经线，这样就可织出跟预先设计一模一样的花纹。后来的各种计算机的设计，都借鉴了雅卡尔织布机打孔卡片的控制方法。

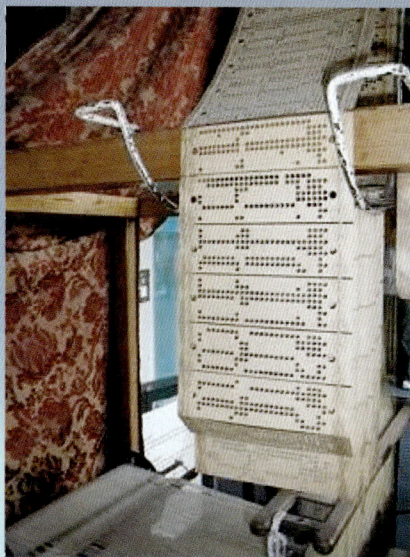

图 3-3　雅卡尔织布机

19 世纪英格兰数学家查尔斯·巴贝奇，是公认的第一个机械式可编程计算机——分析机的发明者。他为了能更快地制作更准确的对数表等数学用表，设计制造了一系列"计算机"（图 3-4）。巴贝奇就采用了打孔卡片来为分析机编写运算程序。他的助手艾达为分析机编写了完整的三角函数计算、级数相乘计算和伯努利数计算等程序。

跟随历史的脚步继续向前，我们还能发现比打孔卡片更早的"编程"装置。这些装置中有两种我们比较熟悉，就是音乐盒和自动人偶。能自动演奏音乐的音乐盒最早出现在公元 9 世纪，在 19 世纪成为大量生产的工业化产品，是当时人们的休

图 3-4　巴贝奇计算机

闲娱乐用品。音乐盒内部有一个滚筒，垂直于滚筒的旋转面装有一排发音簧片，每一个簧片被拨动后能发出特定的音高。工匠对照着乐谱，在滚筒上对应行列的位置做出凸起。滚筒转动时，各个凸起依次拨动簧片，就形成了旋律。在 19 世纪末，大型音乐盒开始使用更轻便、也更容易更换的打孔圆盘替代了滚筒。

自动人偶最早的记载见于古希腊时期，我国的《列子·汤问》中也有记载，一位工匠偃师给周穆王敬献了一个跳舞人偶。有制造结构记载的和有实物保存的自动人偶都使用了凸轮来"编程"。在我国故宫博物院，藏有一个由英国工匠制造并赠送给乾隆皇帝的"铜镀金写字人钟"（图 3-5）。钟底部的写字机械人由发条驱动，能自动用毛笔在纸上写下"八方向化，九土来王"八个汉字。这样一套复杂的动作，就是由若干个凸轮转动来控制人偶的手臂、手腕和头部同时运动。汉语的书写非常复杂，写字人钟无法装载更多的凸轮来写出更多的文字。字母文字的书写就相对简单，18 世纪的瑞士钟表匠皮埃尔·雅克德罗制作的自动人偶可以自由地定义书写内容。虽然理论上我们可以控制自动人偶做出各种各样的动作，但更换凸轮无疑是一种低效的方式。不过直到今天，人型机器人的动作控制依然是一项复杂的工作。

往更早的历史中寻找，我们会发现，在公元 60 年就有一个"可编程"的发明。这个装置是古希腊的数学家、工程师希罗发明的"可编程"三轮车（图 3-6）。这辆车有两个驱动轮和一个被动轮。两个驱动轮分别有独立的车轴，在车轴绕上绳子，绳子的另一头由挂在车子桅杆上的重物拉动，驱动轮就转动起来，带动车前进。希罗巧妙地在驱动轮车轴上钉了几根钉子，这样就可以反绕绳子，而且多次改

图 3-5　铜镀金写字人钟

图 3-6　"可编程"三轮车

变绕绳方向。当重物拉动绳子时，两个驱动轮的不同正转与反转的组合就实现了小车的前进、后退、左右转弯。只要预先设计好绕绳的方式，希罗就能控制小车按既定路线行走，实现对小车的"编程"。

希罗的小车、八音盒、雅卡尔织布机这些发明，在其所在的年代还没有"编程""可编程"的概念。但它们在解决各自问题的过程中，都使用了通用"编码"作为自动化控制，用绕绳、滚筒、打孔卡片控制机器按照人们的意志运行。今天我们所使用的各种计算机编程语言，就是我们与计算机"交流"的语言，有了这些语言，我们才能让计算机按我们的意志运行。

2. 什么是编程语言

回顾这些带有"编程"概念的发明，我们可以看到，雅卡尔发明织布机是为了改进复杂纹样纺织的生产效率；巴贝奇设计分析机是为了快速准确地进行复杂数学计算；八音盒和自动人偶是为了给人们提供便利的娱乐方式。这些发明家都是在探究各自问题的解决方法中，发明了这些装置，并使用了"编程"的方法。我们熟知的现代各种计算编程语言，也是因为需要解决特定的问题而被设计发明出来的。

全球使用最为广泛的编程语言——C 语言，是由美国贝尔实验室的肯·汤普逊和丹尼斯·里奇（图 3-7）所设计。1969 年，汤普逊和里奇研发了一种全新的、

图 3-7　肯·汤普逊和丹尼斯·里奇

支持多用户、多任务的操作系统——UNIX。第一个版本的 UNIX 系统使用汇编语言，在一台 DEC PDP-7 计算机上开发完成。由于汇编语言极度依赖于硬件，当他们把 UNIX 系统移植到更高级的计算机时，觉得需要一种能够处理更多数据类型，能像机器语言一样直接操作又具有复杂易用的逻辑结构的编程语言。于是他们在当时的 BCPL 语言上进行了改进，形成了一门简洁、规范又强大的编程语言 "C"。1973 年，二人用 C 语言重新编写了 UNIX 系统，形成了 UNIX 系统更为标准化的版本。1983 年，汤普逊和里奇因发明 UNIX 系统而获得计算机科学的最高奖项——图灵奖。

而另一门与 C 语言同样流行的编程语言就是 Java，图 3-8 是 Java 语言的发明人詹姆斯·高斯林。这种语言在 1990 年最开始在 SUN 公司被设计时（最初的名称不叫 Java），是用于有线电视和嵌入式设备的应用开发的。开发小组让 Java 语言能够方便地实现基于信息传输的应用开发，同时能够快捷地在使用不同处理器的设备上部署。Java 语言的设计理念对于当时的有线电视来说有些过于超前。但是很快，Java 语言就找到了适合它的广阔天地——互联网。1995 年，SUN 公司正式对外发布了 Java 语言，并把 Java

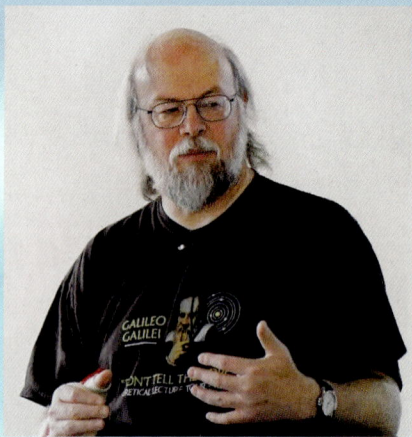

图 3-8 Java 语言的发明人詹姆斯·高斯林

语言的特性精简概括为 "WORA"（Write Once，Run Anywhere），即：一次编写，到处运行，从此 Java 语言也迅速地流行开来。

到目前为止，全世界已经拥有超过 600 门的编程语言。从 2018 年 1 月的统计数据看，使用量排名前十的编程语言是 Java、C、C＋＋、Python、C#、JavaScript、Visual basic.NET、R、PHP、Perl。这十门语言占据了 50% 的使用量，它们普遍具有很强的通用性。比如 Java 语言就几乎覆盖了桌面软件、网络服务、嵌入式应用、操作系统、智能手机等绝大多数编程开发场景。但前十名里也有仅在特定领域使用的语言，比如，如果不从事数据相关的工作，你可能几乎没机会接触到 R 语言。Python 是 1991 年出现的"老"编程语言，近年来大数据、机器学习的兴起，Python 语言被发现非常适宜这两个领域的开发需求而获得了更多的使用量。新的编程语言也在层出不穷，从 2010 年到现在，就有 15 门全新的编程语言问世。随着社会环境、科学技术的发展，未来还会有更多的编程语言出现，用以解决全新的人工智能领域问题。

3.2　大鱼吃小鱼游戏

2007 年 5 月，美国麻省理工学院实验室向公众发布了一款全新的桌面视觉化编程工具——Scratch 软件。Scratch 软件将程序指令变为一个个"积木块"，使用者无须敲击代码或是背诵任何编程指令，只需要将积木块拖动并连接在一起，就可以很方便地进行编程，从而可快速地制作出动画、游戏、交互程序。Scratch 软件公开发布后，在全球的各个编程兴趣社区里迅速流行开来。到目前为止，Scratch 软件已经拥有 40 多种语言的操作界面，在超过 150 个国家里被使用。在 Scratch 官方网站上，你可以看到将近 2380 万爱好者上传的作品。

让我们利用 Scratch 软件制作一个大鱼吃小鱼的游戏吧，通过简单的拼搭"积木块"，可以实现大鱼和小鱼在缤纷的海洋世界中遨游。

【创意目标】用 Scratch 软件制作大鱼吃小鱼游戏。

（创意制作者：北京市第九中学　马玉波。）

【材料与设备】Scratch 软件、计算机。

【实施步骤】

1）准备工作

认识 Scratch 软件窗口，熟悉 Scratch 软件界面，方便后面的游戏制作。

Scratch 软件窗口由舞台、角色列表、程序模块、脚本区等几部分组成，如图 3-9 所示。

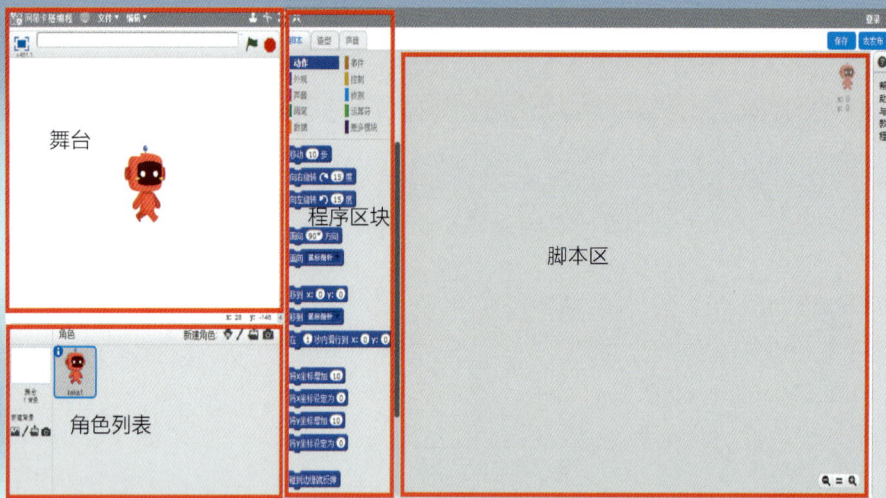

图 3-9　认识 Scratch 软件窗口

积木集成在程序模块的"脚本"选项卡，分为"动作""事件""控制"等十类模块，每类模块用不同颜色区分。每个模块中有若干个脚本语句，当选中一个角色后，通过拖动脚本语句到脚本区，就可以实现对角色的编程。

和"脚本"选项卡并列的还有"造型"（"造型"在背景设置时切换为"背景"）和"声音"两个选项卡。

通过单击"文件"左侧的小地球图标 🌐，可以选择"简体中文"界面。

熟悉了 Scratch 软件窗口，我们试着制作一个大鱼吃小鱼的游戏吧！

2）设计程序步骤

让我们按照最流行的计算思维的培养过程来设计我们的游戏吧！

游戏的过程为：在屏幕上，大鱼跟随鼠标移动，小鱼随机移动，碰到窗口的边缘出现一个克隆体（一条新的小鱼），小鱼碰到大鱼，小鱼消失（被吃掉）。

通过"明确问题"和"抽象过程"，可以进一步细化每个对象（大鱼和小鱼）要完成的动作，即"分析对象"，类似于用自然语言描述的方法，如表 3-1 所示。

表 3-1　设计程序步骤

明确问题	抽象过程	分析对象	
体验"大鱼吃小鱼"游戏,明确制作任务,即"大鱼吃小鱼"程序	大鱼跟随鼠标移动	**大鱼** 重复执行(循环结构): ● 移动到鼠标指针 ● 碰到边缘就反弹 ● 左右翻转	
	小鱼随机移动,碰到窗口边缘出现一个克隆体(新的小鱼),大鱼碰到小鱼,小鱼消失(被吃掉)	**小鱼**	
		重复执行(循环结构): ● 移动 ● 如果碰到边缘,就左右翻转,并出现一个克隆体	作为克隆体启动时: ● 如果碰到边缘就向右旋转,否则向左旋转 ● 重复执行: 移动 碰到边缘就反弹 左右翻转 如果碰到大鱼就消失

3)编辑程序

(1)新建角色。在角色库中,右击默认角色小猫,选择"删除",单击"新建角色"后的"从角色库中选取角色"图标,即可打开"角色库",选择"分类"中的"动物",如图 3-10 所示。

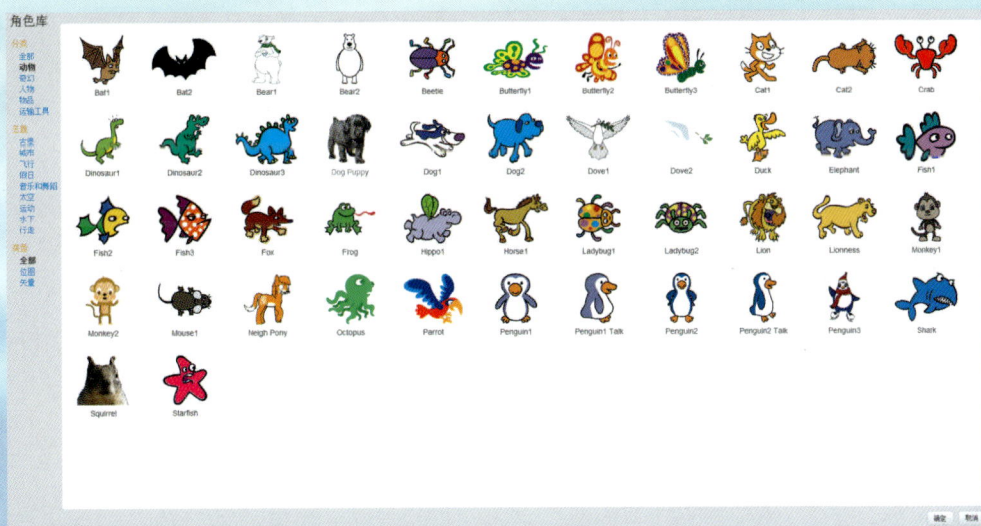

图 3-10　角色库

从中选择"Fish1""Fish2"的角色，单击"确定"按钮，即添加到角色列表中，如图 3-11 所示。

图 3-11　角色列表

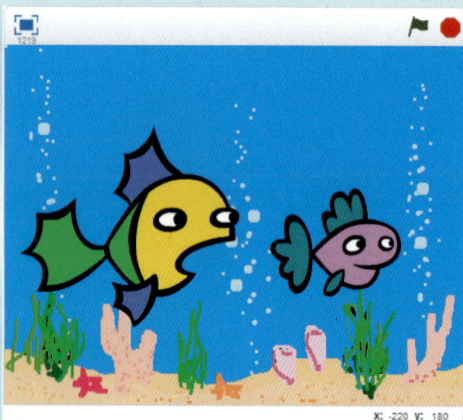

图 3-12　添加角色和背景后的舞台

选择"工具箱"中的"放大"工具，单击舞台上的"Fish2"使其放大到适合大鱼的大小。

（2）新建背景。在"背景设置"区域，选择"从背景库中选择背景"按钮，即可打开"背景库"，从中选择海底背景，比如选择"Underwater3"，如图 3-12 所示。

（3）动作的实现。大鱼跟随鼠标移动这一动作如何实现，可以分解为三个动作：

- 移动到鼠标指针；
- 碰到边缘就反弹；
- 左右翻转。

选中大鱼，拖动"动作"模块中的脚本语句到脚本区，如图 3-13 所示。

（4）控制的实现。大鱼的三个动作需要重复执行，那么用到"控制"模块中的"重复执行"，如图 3-14 所示。

（5）触发事件。这一系列动作需要在哪个事件发生后才开始执行，也就是所说的"触发事件"，需要用到"事件"模块。如"当按下空格键后"执行上述动作，即在脚本最上方添加"当按下空格键"脚本语句，如图 3-15 所示。

图 3-13　大鱼的三个动作

图 3-14　重复执行

根据编写大鱼脚本的技能，对照表 3-1 中分析对象对小鱼的分析，如图 3-16 所示；编写小鱼脚本（图 3-17）。

大鱼吃小鱼游戏初步完成效果如图 3-18 所示。

图 3-15　大鱼脚本

小鱼	
重复执行（循环结构）： ● 移动 ● 如果碰到边缘，就左右翻转，并出现一个克隆体	作为克隆体启动时： ● 如果碰到边缘就向右旋转，否则向左旋转 ● 重复执行： 移动 碰到边缘就反弹 左右翻转 如果碰到大鱼就消失

图 3-16　小鱼对象分析

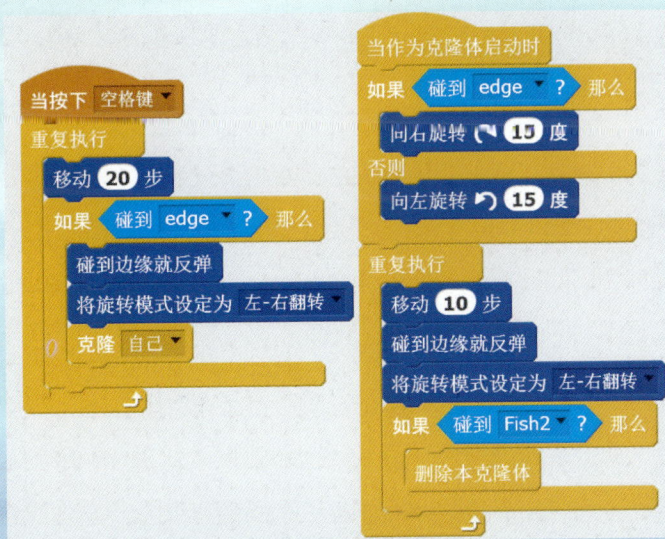

图 3-17　小鱼脚本

图3-18 初步完成舞台

4）评价优化（升级版本）

体会前面的游戏，大家是不是想增加一些新的创意或功能呢？比如计算得分，每吃掉一条小鱼，加1分；20分就可以通关；小鱼被吃掉时，增加"ya"的音效。怎么样？马上开始试试吧！

（1）在游戏中添加计分功能。在游戏中添加计分功能需要用到变量。变量能够把程序中准备使用的每一段数据都赋予一个简短、易于记忆的名字。具体操作如下：

在"脚本"的"数据"模块中单击"新建变量"，在弹出的对话框中输入变量名为"得分"，如图3-19所示。

大鱼每吃掉一条小鱼，得分就会增加1分，所以需要在脚本"删除本克隆体"前添加脚本"将变量得分的值增加1"。同时需要在游戏启动（也就是每次按下空格键后）将得分清零，因此需要在脚本"当按下空格键"后添加脚本"将得分设定为0"，如图3-20所示。

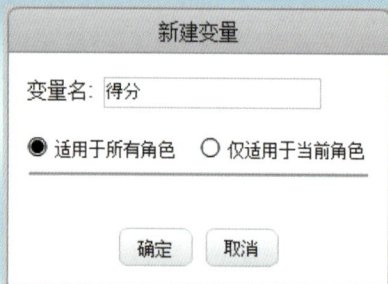
图3-19 新建变量

（2）在游戏中添加通关功能。游戏过程中，如果得分到某一个分数（如20分）就提示通关成功。

在"背景设置"区域，单击"从背景库中选择背景"，选择一张背景图作为通关后显示的图片，比如选择"spotlight-stage"，并在图片上添加文字，比如"you win"，如图3-21所示。

修改通关脚本，如图3-22所示。

（3）添加声音效果。在游戏的某些环节添加声音效果，能使游戏达到意想不到的效果。比如在大鱼吃掉小鱼的瞬间加入"ya"的声音。

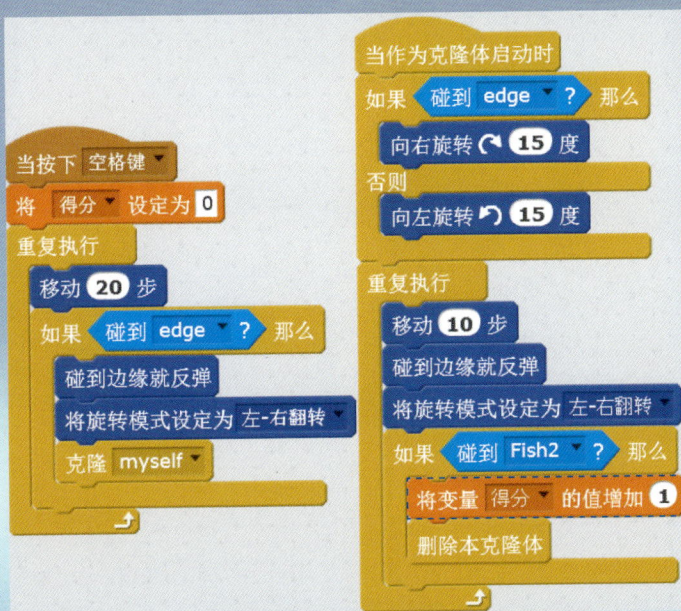

图 3-20 得分脚本

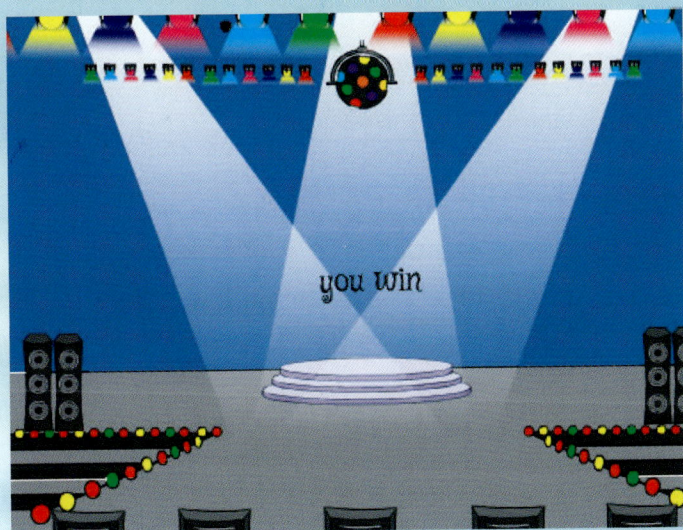

图 3-21 通关背景

单击"声音"选项卡下的"从声音库中选取声音"按钮,选择"ya"的声音文件。然后将"声音"模块中的"播放声音 ya"添加到脚本"将变量得分的值增加 1"后。如图 3-23 所示。

在编辑大鱼吃小鱼程序的过程中,我们体验了计算思维的五个步骤:明确

图 3-22　通关脚本

图 3-23　声音脚本

问题、抽象过程、分析对象、引入技能、评价优化，这是利用计算机解决问题的一般过程。以后大家在其他的程序编辑过程中，都可以按照这个流程，完成自己的创作。

3.3　智能浇水器

　　如果你经常出差或者旅游，家里的花草都无精打采的时候，如果有机器可以自动地给花花草草浇水就好了，下面让我们利用 Arduino 单片机设计一个智能程序来给花草自动浇水吧。

　　在设计花草智能浇水器之前，非常有必要了解 Arduino 单片机，这是个被无意间创制出来的神奇的控制主板。马西莫·班兹是意大利米兰互动设计学院的教师，他的学生常常抱怨不能找到一块价格便宜且功能强大的控制主板来设计他们的机器人。2005年的冬天，马西莫·班兹和西班牙微处理器设计工程师戴维·克帝尔决定自己设计一块控制主板以满足学生们的课业要求。他们找来了马西莫·班兹的学生戴维·梅力斯，让他来编写代码程序。戴维·梅力斯只花了两天时间就完成了代码的编写，然后又过了3天，主板就设计出来了，取名为Arduino（图3-24）。很快，这块主板受到了广大学生的欢迎。这些学生当中那些甚至完全不懂计算机编程的人，都用Arduino单片机做出了"很炫"的东西：有人用它控制和处理传感器，有人用它控制灯的闪烁，有人用它制作机器人……这些设计作品在网上得到了快速传播。接着马西莫·班兹团队收到了上百个单片机的订单，这时他们明白，Arduino单片机是很有市场价值的，于是，他们决定开始Arduino单片机的事业，但是确定了一个必须践行的规则，就是所有的内容必须保持源代码公开。他们规定任何人都可以复制、重设计甚至出售Arduino单片机。人们不用花钱购买版权，连申请许可权都不用，但是，如果你加工出售Arduino主板，版权还是归Arduino团队所有。如果你是在基于Arduino主板的设计上修改，你的设计必须也和Arduino主板一样保持源代码公开。在这一规则的引导下，你可以在互联网上找到大量各种语言的Arduino代码源开发社区，在社区里人们上传很酷、很炫的小发明和源代码，也就是说，你有了Arduino单片机，按照这些公开的代码，也可以制造一个很酷炫的东西，如果你加入了自己

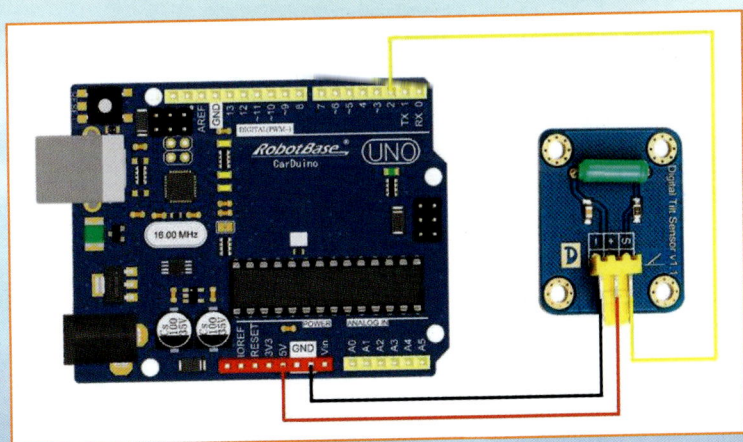

图 3-24　Arduino 单片机

的优化和发明，社区也会鼓励上传你的发明和源代码供大家学习及交流。

【创意目标】使用 Arduino Uno 板设计一个简易的智能浇花器。利用土壤湿度传感器探测的土壤干燥程度来控制微型水泵向花盆浇水，避免土壤过于干旱或过于湿润。

【材料与设备】Arduino Uno 板、土壤湿度传感器、连接跳线、微型静音水泵（12V DC）、电机驱动器（L9110DC）、USB 连接线、47 毛管、可调流量滴头、计算机。

【实施步骤】

1）连接 Arduino Uno 板和土壤湿度传感器

首先将土壤湿度传感器插上连接跳线，然后再连接 Arduino Uno 板，如图 3-25 所示。

2）上传土壤湿度传感器的数据

土壤湿度传感器	Arduino Uno 板
+	与 Sv 插口连接
–	与 GND 插口连接
S	与 A0 插口连接

图 3-25　连接 Arduino Uno 板和土壤湿度传感器

（1）土壤湿度传感器与 Arduino Uno 板连接后，上传土壤湿度传感器的湿度数据。

（2）使用 USB 连接线，将计算机与 Arduino Uno 板连接起来。在 Arduino Uno 板编辑器中，编写如图 3-26 所示的程序代码。

程序代码说明如图 3-27 所示。

```
int Moisture_ain=A0;
int ad_value;
void setup()
{
  pinMode(Moisture_ain,INPUT);
  Serial.begin(9600);
}
void loop()
{
  ad_value=analogRead(Moisture_ain);
  if(ad_value>200)
  {
    Serial.println("Eat drink");
    Serial.println(ad_value);
  }
  else
  {
    Serial.println("Thirsty");
    Serial.println(ad_value);
  }
  delay(500);
}
```

图 3-26　程序代码

湿度值大于 200 时，窗口打印出"Eat drink"（表示湿润）；

湿度值小于 200 时，窗口打印出"Thirsty"（表示干燥）。

3）连接微型静音水泵、电机驱动器和 Arduino Uno 板

将微型静音水泵、电机驱动器和 Arduino Uno 板连接起来，如图 3-28 所示。

程序启动后首先会检测土壤的湿度，在此之前设定程序的时候已经拟定了一个关于土壤湿度数值的区间，低于一定的湿度数值，传感器会启动浇水模式。

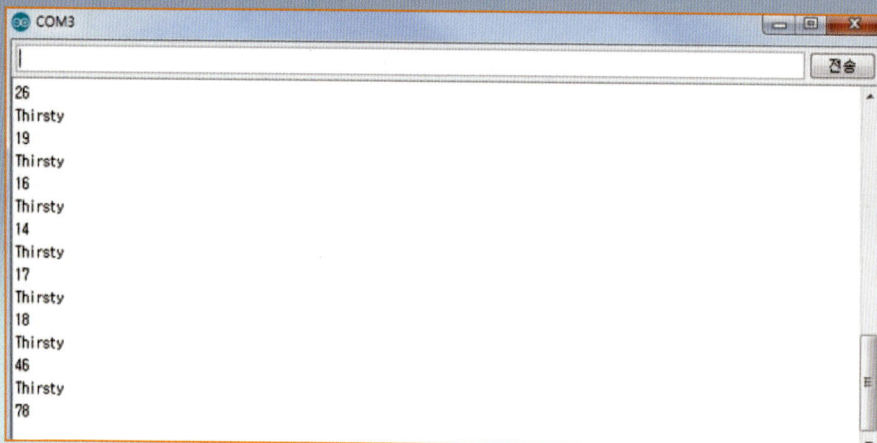

图 3-27　程序代码说明

图 3-28　连接微型静音水泵、电机驱动器和 Arduino Uno 板

3.4　人体感应灯

　　热释电红外传感器是一种能检测人或动物发射的红外线而输出电信号的传感器，其基本原理是感应移动物体与背景物体温度的差异。当没有人体移动时，热释电红外传感器感应的只是背景温度；当人体进入警戒区，通过菲涅尔透镜，

热释电红外传感器就能感应人体温度与背景温度的差异信号。在实际应用中，Arduino 单片机通过获取热释电红外传感器的检测信号可判断是否有人接近，当有人接近的时候，可通过 Arduino 单片机点亮 LED 灯。

【创意目标】通过热释电红外传感器对人体温度进行感知，通过 Arduino 单片机对 LED 灯进行控制（图 3-29）。人体感应灯有人的时候自动开启照明，人离开后可自动延时关闭。

【材料与设备】Arduino 单片机、杜邦线、热释电红外传感器、LED 灯、电阻、面包板。

图 3-29　热释电红外传感器

【实施步骤】

1）Arduino 软件的下载

Arduino 单片机能通过各种类型的传感器感知环境，并通过控制灯光和其他的装置来反馈、影响环境。

Arduino 软件下载网址：https://www.arduino.cc/en/main/Software，下载界面如图 3-30（a）和（b）所示。

2）Arduino 软件的安装

单击下载好的 Arduino 安装文件，每到一步单击下去就可以成功安装，具体的安装路径可自行设定，图 3-31 为安装完成之后所产生的快捷键图标。

3）硬件连接

（1）如图 3-32 所示将一个 3kΩ 的电阻和一个 LED 灯（发光二极管）串联接入到 Arduino 单片机的 +5V 引脚（红线）和 2 号引脚（蓝线）上。

（2）将图 3-33 标注的热释电红外传感器的电源线（红线）和 GND（黑线）接在 Arduino 单片机的 +5V 引脚（红线）和 GND 引脚（黑线）上，信号线接到 Arduino 单片机的 3 号引脚（黄线）上。

（3）将 Arduino 单片机的 USB 口通过 USB 线连接到计算机上。

4）软件编写

编写 Arduino 程序，当 3 号引脚上检测到高电平，则设置 2 号引脚为低电平，

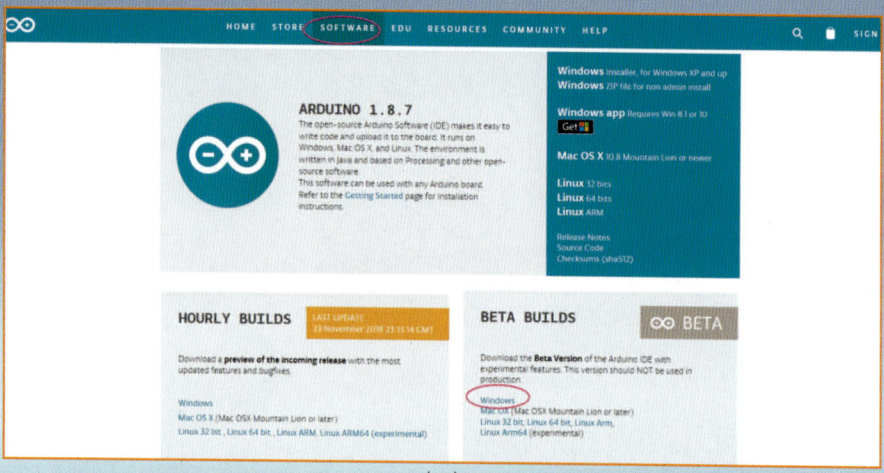

（a）

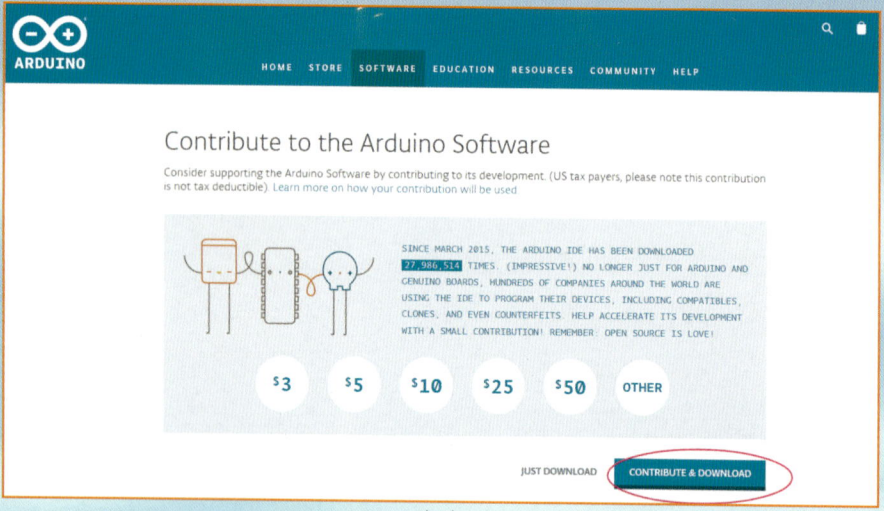

（b）

图 3-30　Arduino 软件下载界面示意图

图 3-31　Arduino 软
件安装后的快捷键

LED 灯点亮。

人体感应灯程序代码如图 3-34 所示。

5）调试设备

旋转热释电红外传感器底部的调节器可对灵敏度（即检测距离）和延时装置进行调节（图 3-35），来提高检测效果和识别率。

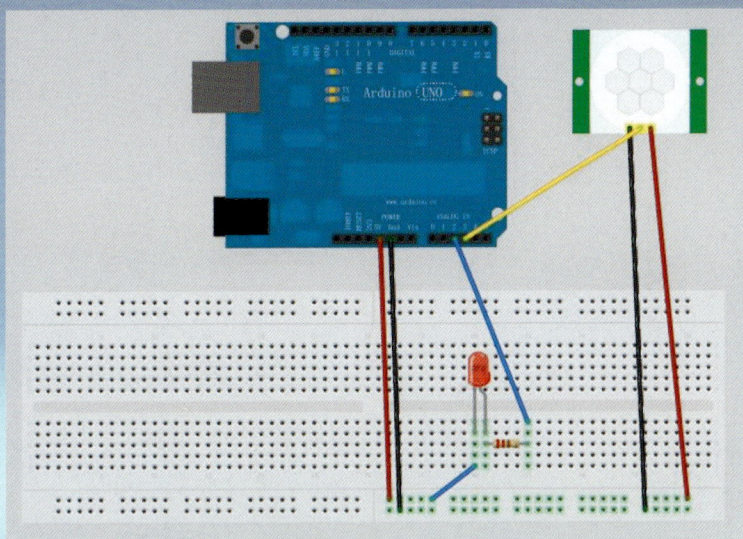

图 3-32　硬件连接图

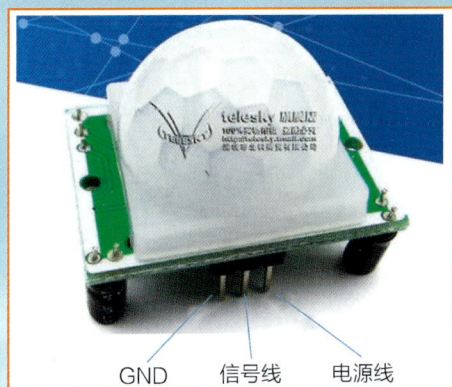

GND　　信号线　　电源线

图 3-33　热释电红外传感器接口注释

延时调节　　　　　灵敏度调节

图 3-35　热释电红外传感器调节器

```
#define Sensor 3
#define LED 2
int SensorState = 0;

void setup() {
  pinMode(LED, OUTPUT);
  pinMode(Sensor, INPUT);
}

void loop() {
  SensorState = digitalRead(Sensor);

  if(SensorState == HIGH) {
    delay(80);
    if(SensorState == HIGH) {
      digitalWrite(LED, LOW);
    }
    else{
      digitalWrite(LED, HIGH);
    }
  }
  else{
    digitalWrite(LED, HIGH);
  }
}
```

图 3-34　程序代码

71

3.5 智能垃圾桶

漫反射式光电开关（图3-36）是一种集发射器和接收器于一体的传感器。当有被检测物体经过时，物体将光电开关发射器发射的红外线反射给接收器，当接收器接收到足够量反射回来的红外线就会产生一个开关信号。

图3-36 漫反射式光电开关

【创意目标】在垃圾桶内较高的位置安装漫反射式光电开关，通过和 Arduino 单片机连接，当桶内的垃圾快要满的时候，漫反射式光电开关会被遮挡，Arduino 单片机就会捕捉到这个信息，控制有源蜂鸣器发声，提示需要倒垃圾了。

【材料与设备】Arduino 单片机、杜邦线、漫反射式光电开关、有源蜂鸣器、三极管、电阻、面包板。

【实施步骤】

1）硬件连接

硬件连接如图3-37所示。

（1）将漫反射式光电开关固定在垃圾桶上端的边沿处，并且将漫反射式光电开关的感应部分朝向垃圾桶内部。

（2）漫反射式光电开关具有三根连接线，分别为电源线（棕色）、GND 线（蓝色）、信号线（黑色）。将电源线（棕色）和 GND 线（蓝色）接在 Arduino 单片机的＋5V 引脚和 GND 引脚上，信号线（黑色）接到 Arduino 单片机的 3 号引脚上。

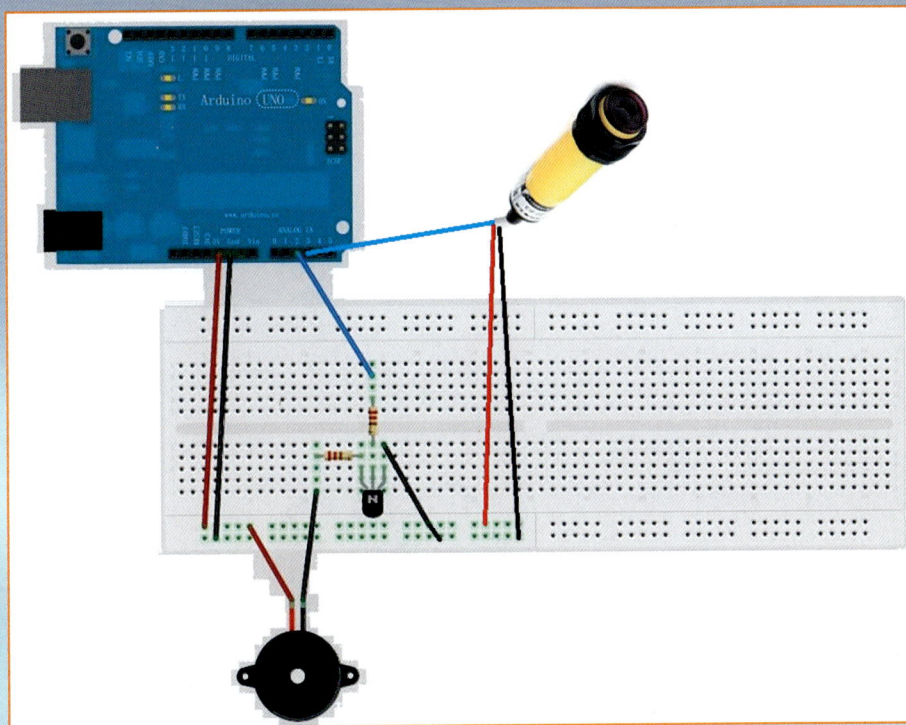

图 3-37　硬件连接图

（3）按照图 3-37 所示的接法，使用三极管（S8050）将 Arduino 单片机的 2 号引脚和有源蜂鸣器进行连接，其中与 Arduino 单片机直接相连的电阻为 1kΩ，与有源蜂鸣器直接相连的电阻为 100Ω。

（4）将 Arduino 单片机的 USB 接口通过 USB 线连接到计算机上。

2）软件编写

编写 Arduino 程序，当 3 号引脚上检测到高电平，则设置 2 号引脚为高电平，使有源蜂鸣器发声。

智能垃圾桶程序代码如图 3-38 所示。

3）调试设备

通过旋转如图 3-39 所示的距离调节器，可以改变漫反射式光电开关的检测距离，当传感器的检测距离检测到垃圾桶的边沿，则认为垃圾已经满了。

```
#define Infrared 3
#define LED 2
int InfraredState = 0;

void setup() {
  pinMode(LED, OUTPUT);
  pinMode(Infrared, INPUT);
}

void loop() {
  InfraredState = digitalRead(Infrared);

  if(InfraredState == HIGH){
    delay(80);
    if(InfraredState == HIGH){
      digitalWrite(LED, HIGH);
    }
    else{
      digitalWrite(LED, LOW);
    }
  }
  else{
      digitalWrite(LED, LOW);
    }
}
```

图 3-38　程序代码

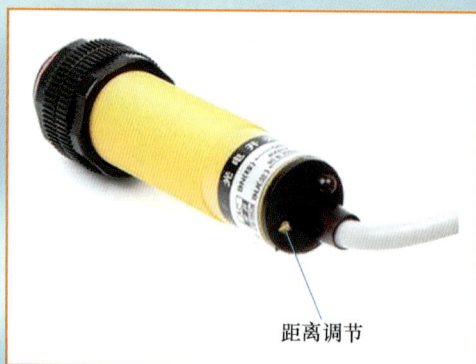

距离调节

图 3-39　距离调节器位置

3.6　小猫自动喂食器

图 3-40　喂食器

喂食器（图 3-40）是通过控制内部电机的旋转来控制食盒的旋转，食盒每旋转一圈就能放出一定量的饲料。利用这个原理，通过 Arduino 单片机可控制喂食器内部的电机旋转来控制饲料的输出量。该喂食器可以根据小猫的不同体重，自动地吐出不同重量的猫粮来喂食小猫。

【创意目标】通过 Arduino 单片机连接电阻应变

式压力传感器，当小猫走到电阻应变式压力传感器上时，电阻应变式压力传感器会感受到不同大小的压力，从而控制喂食器吐出不同重量的猫粮。

【材料与设备】Arduino 单片机、杜邦线、喂食器、电阻应变式压力传感器、三极管、电阻、面包板。

【实施步骤】

1）硬件连接

电阻应变式压力传感器实物如图 3-41 所示，电阻应变式压力传感器中的电阻应变片被粘贴在弹性元件特定表面上，当力、扭矩、速度、加速度及流量等物理量作用于弹性元件时，会导致元件应力和应变的变化，进而引起电阻应变片电阻值的变化。电阻值

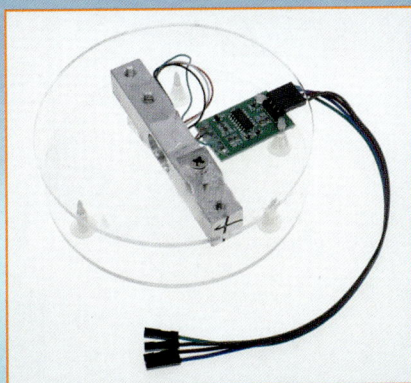

图 3-41　电阻应变式压力传感器实物图

的变化经过电路处理后以电信号的方式输出，这就是电阻应变式压力传感器的工作原理。通过 Arduino 单片机可获取电阻应变式压力传感器上的压力值，从而可以得到小猫的重量，再根据小猫的重量通过 Arduino 单片机可控制喂食器吐出指定量的饲料。

电阻应变式压力传感器连接如图 3-42 所示，硬件连接如图 3-43 所示。

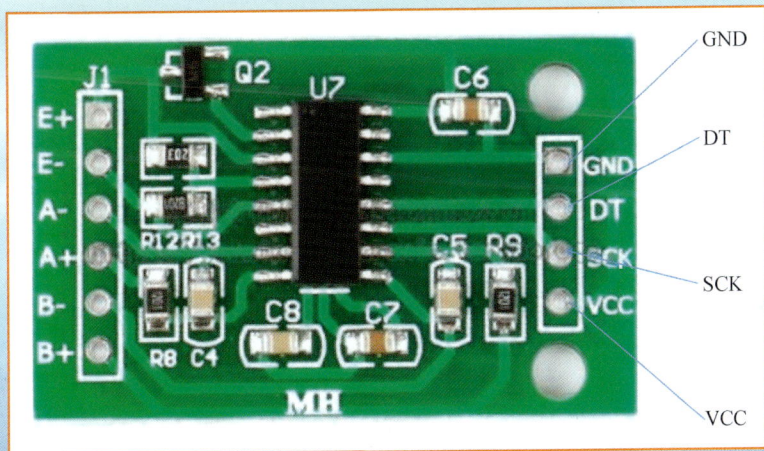

图 3-42　电阻应变式压力传感器连接图

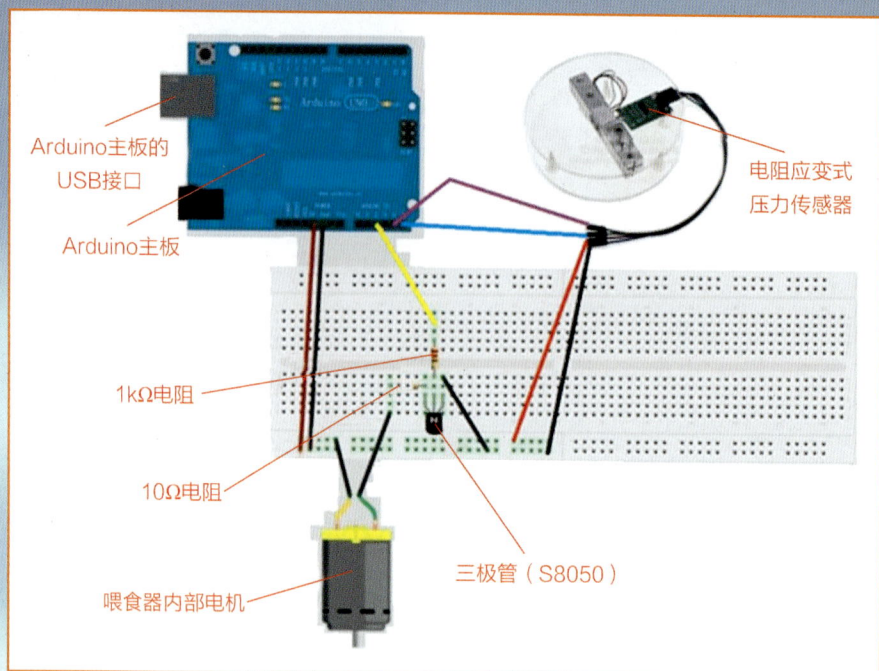

图3-43　硬件连接

（1）将喂食器中的电机和三极管用杜邦线连接，再将三极管与 Arduino 单片机的 2 号引脚用杜邦线连接在一起，其中和电机直接连接的电阻的值为 10Ω，和 2 号引脚直接连接的电阻值为 1kΩ。

（2）将电阻应变式压力传感器上的 GND 线（黑色）、DT 线（紫色）、SCK 线（蓝色）、VCC 线（红色）分别接在 Arduino 单片机的 GND 引脚、4 号引脚、5 号引脚、+5V 引脚上。

2）软件编写

编写 Arduino 程序（图3-44），实时获取压力传感器的数值，当数值大于 2kg，则将 2 号引脚设置为高电平使电机转动，电机让喂食器转一圈后，将 2 号引脚设置为低电平让电机停止转动。以此类推，当数值大于 3kg，则让喂食器转两圈；当数值大于 4kg，则让喂食器转三圈；当数值大于 5kg，则让喂食器转四圈，从而让喂食器相对于不同重量的小猫输出不同重量的饲料。

```
#include "HX711.h"
int Weight = 0,Weight_last = 0;
unsigned int number = 0,NUMBER;
void setup()
{
    Init_Hx711();                    //初始化HX711模块连接的IO设置
    Serial.begin(9600);
    Serial.print("Welcome to use!\n");
    Get_Maopi();            //获取支架重量
}
void loop()
{
  while(1)
  {
    Weight = Get_Weight();   //计算放在传感器上的重物重量
    Serial.print(Weight);    //串口显示重量
    Serial.print(" g\n");  //显示单位
    if((Weight<Weight_last+10)&&(Weight>Weight_last-10))
      break;
    delay(100);
    Weight_last = Weight;
  }
  if(Weight>=4000)
    NUMBER = 4;
  else if(Weight>=3000)
   NUMBER = 3;
  else if(Weight>=2000)
   NUMBER = 2;
  else if(Weight>=1000)
   NUMBER = 1;
  else
   NUMBER = 0;
  Serial.print("NUMBER:"); //显示单位
  Serial.print(NUMBER); //显示单位
  Serial.print("\n");     //显示单位
  if(NUMBER>0)
  {
    digitalWrite(Control, HIGH);
    for(number=0;number<NUMBER;number++)
    {
      digitalWrite(Control, HIGH);
      Serial.print("number:"); //显示单位
      Serial.print(number); //显示单位
      Serial.print("\n");     //显示单位
      delay(8000);
    }
  }
  digitalWrite(Control, LOW);
    delay(10);                    //延时10ms
  Weight = 0;
}
```

图3-44　程序代码

3.7 虚拟数字校园漫游系统

随着计算机技术、遥感技术、GIS 技术、影像处理技术的发展，三维建模技术也逐步兴起并广泛应用于城市规划、旧城改造、数字城市、建筑设计等领域。三维建模技术是建立现实世界虚拟化三维场景模型的基础，其运用计算机图形图像处理技术，将地理空间数据从传统的二维平面图的表达方式转化为三维立体的表达方式，从而更真实、形象地展示现实世界。

三维建模技术的核心是根据研究对象的三维空间信息构造其立体模型，并利用相关建模软件或编程语言生成该模型的图形表达，然后对其进行各种操作和处理。传统的三维建模技术采用手工建立精细的三维模型，虽然展示效果好，但其结果往往是静态、固化的模型，仅仅能够用于立体视觉表达，并不能满足属性查询、三维空间分析等深层次的应用，并且目前的三维建模技术主要集中于建筑物外立面三维模型的生成，而对于 3D 场景漫游的研究还比较少。

本项目采用在 CityEngine 平台下基于规则的建筑物三维建模方式，它能通过规则调用 GIS 数据中的属性数据，快速、自动、批量地生成建筑物的外立面三维模型。不仅提高了三维建模效率，也为在大场景建筑物三维快速建模领域提供了一种新的手段，并可以将建好的模型导入 Unity 3D 三维渲染引擎，构建全方位、多立体、高逼真的三维数字化校园，对学校的宣传和建设规划起到了积极的推动作用。

【创意目标】采用 ESRI 主流三维建模软件 CityEngine、ArcGIS 等地理信息系统专业软件平台和 Unity 3D 三维渲染引擎，建立了一个数字校园三维可视化系统。

（创意制作者：北京市第三十五中学卢泠、宫欣宁、汪睿易；指导教师：中国科学院遥感与数字地球研究所龚建华、北京市第三十五中学李娜。）

【材料与设备】ESRI 主流三维建模软件 CityEngine、ArcGIS 地理信息系统专业软件平台、Unity 3D 三维渲染引擎、爱普瑞（Apresys）高精度测距 / 测高 / 测角一体机、计算机。

【实施步骤】

1）确定实施流程

本项目以一个中学校园为研究对象，采用"GIS 空间数据—CityEngine 快速建模—Unity3D 高逼真三维场景渲染"的实施路线，具体的实施流程如图 3-45 所示。

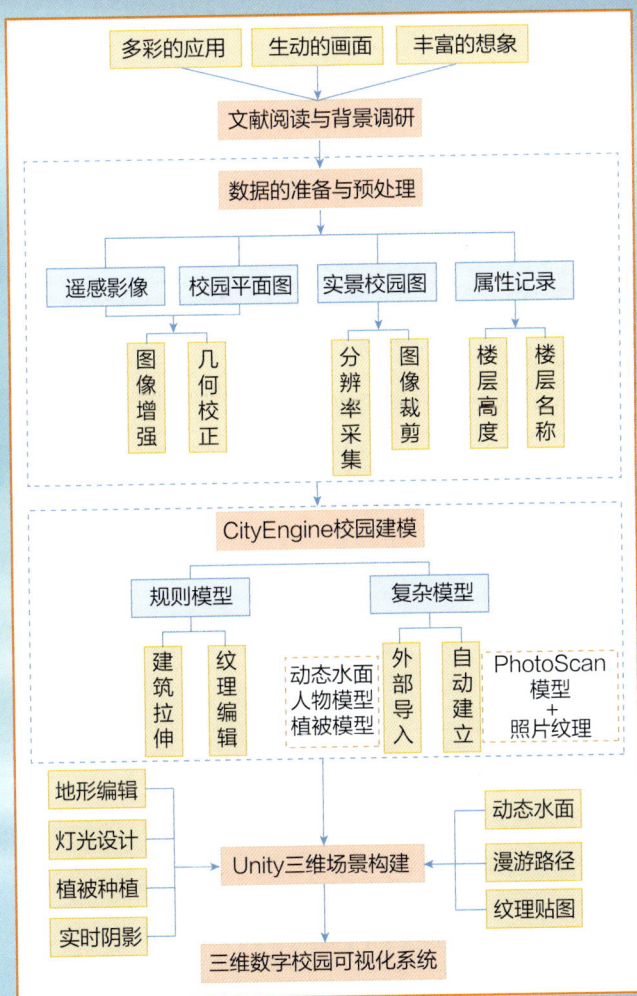

图 3-45　实施流程

2）文献阅读与背景调研

在这个阶段主要调研了当前数字校园领域最新的应用案例，并结合当前三维渲染特效的丰富、逼真和多彩的特点，重点调研了基于 GIS 空间数据的三维高逼真实景虚拟校园的快速构建方法，最终形成可行的数字化校园建设方案。

3）数据的准备与预处理

这个阶段是将数字校园建设所需的数据进行必要的筛选和预处理，主要包含校园卫星影像数据和校园平面图的几何纠正和图像增强处理，同时对校园实地采集的照片数据、属性记录数据进行重采样和筛选。

（1）校园 GIS 数据处理。数据源为中国科学院遥感与数字地球研究所（RADI）提供的带有真实地理坐标的 2015 年高分辨率遥感影像数据［图 3-46（a）］和校园平面图［图 3-46（b）］，经过图像的几何纠正、图像增强等预处理方法，得到校园精准的平面地理数据。

（a）高分辨率遥感影像　　　　　　　　　（b）校园平面图

图 3-46　校园遥感与平面图

遥感成像的时候，由于飞行器的姿态、高度、速度以及地球自转等因素的影响，造成图像相对于地面目标发生几何畸变，这种畸变表现为像元相对于地面目标的实际位置发生挤压、扭曲、拉伸和偏移等，针对几何畸变进行的误差校正就叫几何校正，如图 3-47 所示。

基于线性拉伸的图像增强。线性拉伸是将范围为 $[a, b]$ 数字图像的灰度 $f(x, y)$ 变换为范围为 $[c, d]$ 的灰度 $g(x, y)$，如图 3-48 所示。

如果遥感数据的 $f(x, y)$ 的范围是 $[a, b]$，那么要将遥感数据生成图像并且

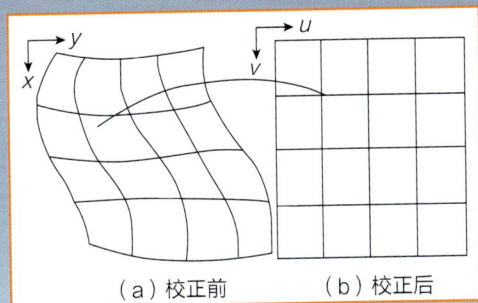

图 3-47 几何校正原理图

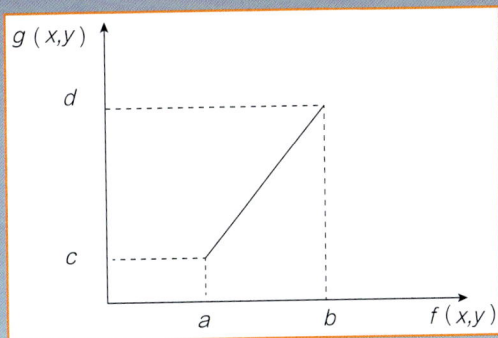

图 3-48 灰度输入输出变换简图

在计算机上显示出来，则需要将 $f(x,y)$ 变换为 $g(x,y)$，其中 $g(x,y)$ 的范围为 $[0,255]$，则其数学变换公式为

$$g(x,y)=\frac{d-c}{b-a}\times f(x,y)+\frac{bc-ad}{b-a}$$

使用线性拉伸增强对遥感数据进行增强后的图像直方图跟原始数据的直方图是相似的。

（2）校园实景照片处理。采用多重压缩和多重采样技术，对校园的实景高清照片进行了必要的数据处理，并将校园的楼层具体属性信息进行属性记录。建模的过程中发现屋顶、墙体等许多地方的纹理是一样的，所以就把它们分成如表 3-2 所示墙体、屋顶、窗户、门几类。

表 3-2 建模纹理采集与处理

项目	原始照片	裁切后的纹理贴图
墙体 1		
墙体 2		
屋顶		

项目	原始照片	裁切后的纹理贴图
窗户1		
窗户2		
门1		
门2		

（3）校园属性记录处理。以小组为单位逐一调查每一建筑物，并用爱普瑞（Apresys）高精度测距／测高／测角一体机（图3-49）测量每个建筑物楼层的高度，进行汇总并拍照记录（表3-3）。

图3-49　爱普瑞（Apresys）高精度测距／测高／测角一体机

表 3-3 校园属性调查表

序号	教学楼名称	楼层高度	照片编号	记录人
1	严实楼	4	DSC07118.JPG	×××
2	……	……	……	……

4）CityEngine 校园建模

CityEngine 校园建模主要依托 CityEngine 强大的快速三维模型构建能力，采用复杂模型的 CGA 语法快速构建和自定义手动建模有机结合的方式，将校园 GIS 数据进行立体拉伸、纹理贴图等一系列建模处理，并针对特殊的复杂模型，采用外部现有模型的导入方式添加。

（1）CGA 概念。CGA 文件（computer generated architecture）包含了一系列决定楼型如何生成的规则，规则就是一门语言。该语句描述了当前对象的变化过程，并把变化的结果赋给一个或多个对象。

规则定义了一系列的几何和纹理特征，决定了模型如何生成。基于规则的建模的思想是定义规则。反复优化设计，以创造更多的细节。当有大量的模型创造和设计时，基于规则建模可以节省大量时间和成本。最初，它需要更多的时间来写规则文件，但一旦做到这一点，创造更多的模型或不同设计方案，比传统的手工建模更快。

CGA 形状语法被定义为四个组件：形状、几何属性、操作及语法规则。其中，①形状由符号、几何和数值属性组成，通常由符号识别；②几何属性对于应用范围，它是空间中的一个方向包围盒，最重要的几何属性是位置 P、描述坐标系统的三个正交矢量及尺寸矢量 S；③形状操作是形状语法中一个非常重要的组件，主要包括四种类型：首先，范围操作可以修改给定形状的范围，包括拉伸、平移、旋转和缩放；其次，分割操作以分割尺为属性并沿着给定的轴分割范围；然后，重复操作在一个给定的方向上重复几何形状，在 CGA 形状语法中它们都被编写为分割规则的一部分；最后，组件的分割操作可以将三维范围分割为更小尺寸的形状，如面、边界、顶点；④语法规则可以用来修改和替换形状，通过添加更多细节（墙、地板、窗、门）进行迭代进化和发展设计，模型生成通常从建筑物地面形状开始，随着规则的依次应用，形状被逐步细化。

（2）CGA 建模规则。数字校园三维建模基于 CityEngine 平台，主要采用规则建模和辅助自定义手动建模的原则，其建模思想主要采用"图形（geometry）＋属性（attributes）＋规则（rules）"。其中规则即 CGA 文件，采用的语言是 CGA Shape Grammar。根据校园高清影像的矢量化建筑二维数据，如在 ArcGIS 产生的二维地图数据（shp 格式），导入 CityEngine 创建概要模型，再对初步模型进行细节优化、拉伸及贴图等处理，以接近真实场景。以校园内部分四合院的规则文件 siheyuan. cga 为例，部分代码及效果如图 3-50 所示。

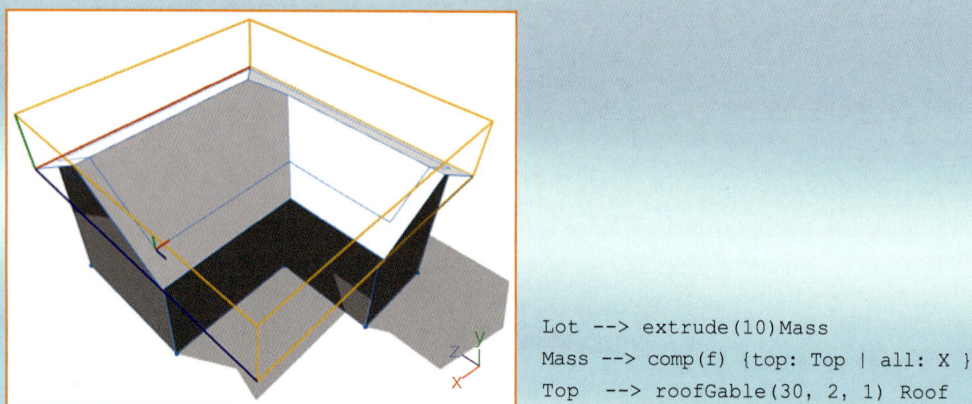

```
Lot  --> extrude(10)Mass
Mass --> comp(f) {top: Top | all: X }
Top  --> roofGable(30, 2, 1) Roof
```

图 3-50　CGA 部分代码及建模效果图

引用该规则文件和其他自定义复杂规则文件，直接将 CGA 文件拖动至相应的建筑矢量形状要素上，即可快速生成模型，图 3-51 显示了整个校园的模拟场景。

5）Unity 3D 三维场景构建

Unity 3D 三维场景构建是将 CityEngine 导出的三维模型，进行地形编辑、灯光设计、光照贴图、植被绿化、动态水面映射和人物动画路径规划，并结合第一人称漫游交互的方式，实现全空间、多角度、沉浸式的三维数字化校园虚拟地理环境。

（1）Unity 3D 是一个跨平台的游戏开发软件，具有直观的游戏编辑功能，也是一个全面整合的专业游戏引擎。Unity 3D 最大的优势是性价比较高，并且可以发布成网页浏览的方式，用户不需要下载客户端，就可以直接体验。Unity 3D 支持各种脚本语言，其中包括 JavaScript、C#，兼容各类操作系统，真正实现了跨平台。

图 3-51　校园模拟场景

　　（2）场景构建。由 CityEngine 生成的学校园区模型，转化为以 Unity 3D 可以兼容的 .fbx 或者 .obj 格式导入，导入后可以在 Unity 3D 场景编辑器中贴图优化修改，添加灯光效果，添加植被绿化，添加光影、动态水面和人物骨骼路径动画。场景构建完毕后做系统交互设计，内容包括第一人称的漫游行走的交互。系统完成后进行性能测试，最终生成可执行文件和网络文件。

　　（3）关键技术。

　　① 地形编辑。通过地形编辑器可以实现地形变换并制作地形上其他元素，如树木、草坪、石头等。首先创建一个新地形，此时地形可添加到 Scene 与 Hierarchy 视图中，并添加一束平行光，调整摄像机的位置和方向，使其清晰地观察到地形。再单击菜单栏的 Terrain->Set Resolution 修改地形参数，包括地形宽度、高度、长度、高度图分辨率、细节分辨率、控制草地和细节模型的地图分辨率。控制纹理分辨率是用于绘制地形上混合不同纹理的溅斑贴图的分辨率。基础纹理分辨率是在一定的距离用于代替溅斑贴图的复合纹理的分辨率。根据需求调节参数。

　　通过 Create Terrain 创建地形后，属性面板会出现七个按钮用于编辑地形，从左至右依次为地形高度、编辑特点高度地形、平滑过渡地形、地形贴图、添加树模型、草坪网格模型和其他设置。高度工具可以依据笔刷的类型及强度画出上升或下降的地形。特定的高度工具和普通的高度工具不同之处在于可以设定一个最大高度，当地形达到这个高度就不能再加高；平滑工具主要用于平滑地形的过度，通过此工具刷的地形不会有棱有角，效果更加自然。

② 第一人称漫游。三维数字校园中采用刚体重力检测的物理原则，使用 W、S、A、D 四个键实现前后左右来控制行走的第一人称漫游机制，相对应的脚本代码在 FPScontral.js 语言当中，如向前行走的代码为：

```
function Update ( )
{
if ( Input.Get Key ( Key Code.W ))
{
transform.Translate ( Vector3.forward * Time.delta Time * -speed );
}
}
```

运行效果如图 3-52 所示。

图 3-52　第一人称漫游场景图

③ 光照贴图。对楼等静态模型使用光照贴图（图 3-53）。光照贴图具有以下优点：可以表现交错覆盖于静态模型三角面上的复杂的每像素光照，而顶点光照只能表现顶点到顶点之间的线形渐变；可以通过优化使用更少的三角形，提高效率。

图 3-53　光照贴图

④ 动态水面。Unity3D 中提供了两个水资源包，分别可以模仿白天和晚上水的效果。用鼠标直接将水体拖动到场景窗口中，即可实现水体效果。选择水体，在检视窗口，可以看到水体的细节调解，通过调节可以逼真地模仿出动态的水面（图 3-54）。

图 3-54　动态水面

⑤ 路径动画。采用关键特征点规划，利用直线和曲线插值的方法，模拟运动物体的行走轨迹。不仅很大程度地提升了三维场景的动景感，更能为特定的运动对象重现运行轨迹，实现数字校园内人员轨迹跟踪仿真表达（图3-55）。

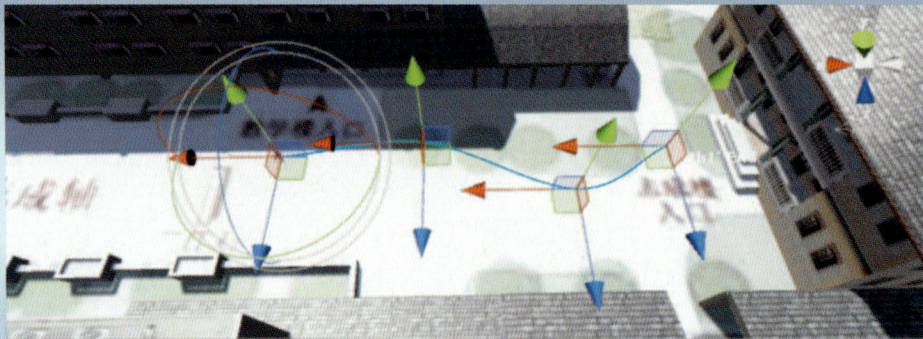

图3-55　路径动画编辑

6）虚拟校园可视化漫游系统

通过 Unity 3D 的场景渲染、漫游路径设置与场景渲染（图3-56），经过精细调整最后输出校园三维虚拟漫游系统，如图3-57 所示。

图3-56　Unity 3D 工作界面与场景渲染

本项目打破了传统 GIS 领域与游戏领域互不相通的思维，尝试将两者进行融合扩展，实现了两者的优势互补，在 CityEngine 构建三维景观模型方面，具有简

图 3-57 虚拟数字校园系统截图

单、快速而又美观的特点。

在后期项目创意升发方面，我们建议，一方面，基于现有的校园基础三维模型，可以在 Unity 3D 中继续完善开发，使数字校园更加逼真、绚丽，并发布在 Web、手机等移动端各共享平台；另一方面，基于完整的三维校园模型，还可以结合空间地理信息技术和物联网实时数据，针对校园的实时数据进行监控，实现如校园视频监控、学生实时定位系统等多种贴近校园智能管理类的应用。

3.8   弹跳的笑脸游戏

Python 是目前最流行的一种简单而强大的计算机语言，它又是开源和免费的，也是人工智能的首选语言，广泛应用于各 App，包括 Gmail、Google Maps 和 YouTube。Python 是典型的解释型语言，语法相对简单，程序易写、易读，同时拥有丰富多彩的大量第三方库的资源。下面我们就使用 Python 语言安装 Pygame 模块（用来开发游戏软件的 Python 库），通过设置图片运动，添加用户交互移动挡板，检测按键事件等，将动画、用户交互和游戏设计组合到一起。

【创意目标】

（1）基础版（1.0 版）：笑脸在屏幕内弹跳，用户移动鼠标，努力用挡板接住"笑脸"，防止其接触到窗口底部，同时记录分数，初始分值：0 分，挡板接住笑脸一次，加 1 分；记录游戏机会：初始游戏机会：五次，挡板没有接住笑脸，扣一次游戏机会。

（2）升级版（2.0 版）：增加难度，每接住一次笑脸，笑脸运动速度加快，没接住笑脸，速度恢复初始速度，游戏机会为 0 时，结束游戏，按 F1 键，重新开始游戏。

（创意制作者：北京市第九中学潘立晶。）

【材料与设备】 Python 软件、计算机。

【实施步骤】

1）确定项目制作流程

分解项目，自定义游戏规则（表 3-4）。逐步完成游戏制作。

表 3-4　自定义游戏规则

项目分类	自定义项目	本例
项目区域设置	_____ 像素 × _____ 像素，_____ 色屏幕。字体：Times New Roman，字号：24	800 像素 ×600 像素，黑色屏幕。字体：Times New Roman，字号：24
单位戴薇项目部件	一个 _____ 像素 × _____ 像素图形（笑脸、球形），初始位置 X：_____ Y：_____，移动速度 X：_____ Y：_____（图可下载与自绘）一个 _____ 像素 × _____ 像素、_____ 色挡板，初始位置 X：_____ Y：_____	一个 69 像素 ×69 像素笑脸图初始位置 X：0 、Y：0，移动速度 X：5 、Y：5 一个 200 像素 ×25 像素白色挡板初始位置 X：300、Y：500
目标	得分，并避免丢机会	得分，并避免丢机会
规则	球碰到挡板，得 _____ 分，碰到底部，丢掉一次机会	球碰到挡板，得 1 分，碰到底部，丢掉一次机会
机制	用鼠标左右移动挡板，守卫屏幕底部	用鼠标左右移动挡板，守卫屏幕底部
资源	玩家将会有 _____ 次机会（命），初始分值 _____ 分	玩家将会有五次机会（命），初始分值 0 分

项目制作流程如图 3-58 所示。

2）安装 Pygame

游戏制作之前，需要安装 Pygame。Pygame 是 Python 的一个 package，也是一个很经典的游戏制作包，能帮助用户完成完美的游戏制作。

我们可以从 http://www.pygame.org/ 的 Downloads 页面下载安装程序来安装 Pygame。

准备一张笑脸图片，将其命名为"xiaolian.png"。

准备一张挡板图片，将其命名为"paddle.png"。

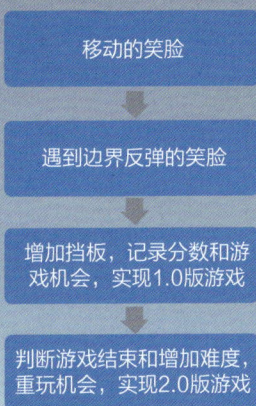

移动的笑脸

↓

遇到边界反弹的笑脸

↓

增加挡板，记录分数和游戏机会，实现1.0版游戏

↓

判断游戏结束和增加难度，重玩机会，实现2.0版游戏

图 3-58　项目制作流程

3）设置移动的笑脸

首先实现笑脸的移动，以 45° 向右、向下的方向移动，到达边界（窗口底边），也继续移动，由于没有的图片，会形成一个移动的笑脸的轨迹。

启动 Python，输入程序和运行结果如图 3-59 所示。

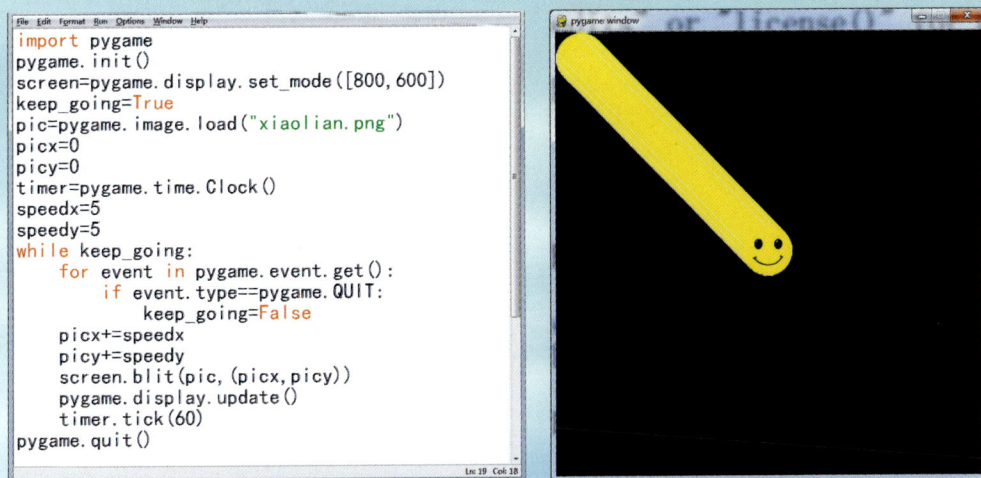

```
import pygame
pygame.init()
screen=pygame.display.set_mode([800,600])
keep_going=True
pic=pygame.image.load("xiaolian.png")
picx=0
picy=0
timer=pygame.time.Clock()
speedx=5
speedy=5
while keep_going:
    for event in pygame.event.get():
        if event.type==pygame.QUIT:
            keep_going=False
    picx+=speedx
    picy+=speedy
    screen.blit(pic,(picx,picy))
    pygame.display.update()
    timer.tick(60)
pygame.quit()
```

输入程序

运行结果

图 3-59　输入程序和运行结果

屏幕的坐标系是这样的，笑脸图片的坐标位置如图 3-60 所示。

程序解读：（注："#"后面内容为注释）

```
import pygame      # 导入 pygame
pygame.init()      # 初始化 pygame
screen=pygame.display.set_mode([800,600])  # 创建宽 800 高 600 的窗口
```

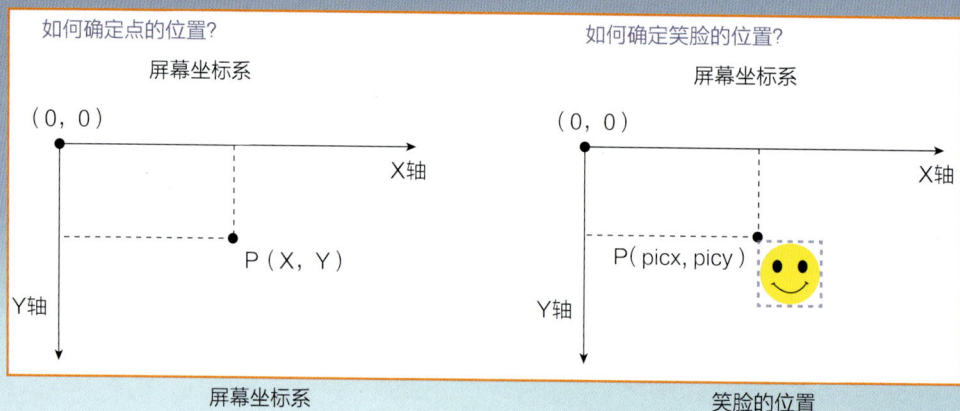

如何确定点的位置？　　　　　　　　　　　　　如何确定笑脸的位置？

屏幕坐标系　　　　　　　　　　　　　　　　　　屏幕坐标系

屏幕坐标系　　　　　　　　　　　　　　　　　　笑脸的位置

图 3-60　屏幕坐标系及笑脸位置示意图

```
keep_going=True      # 变量 keep_going 赋值为 true
pic=pygame.image.load("xiaolian.png")  # 导入"笑脸"图片
picx=0    # 变量 picx 赋值为 0
picy=0    # 变量 picy 赋值为 0
timer=pygame.time.Clock()# 将 clock 类的一个对象添加到程序中
speedx=5  # 变量 speedx 赋值为 5
speedy=5  # 变量 speedy 赋值为 5
while keep_going: # 当 keep_going 的值为 true，游戏进入循环
    for event in pygame.event.get():# 处理程序中的交互事件
        if event.type==pygame.QUIT: # 判断是否点击了关闭按钮"x"
            keep_going=False    # 变量 keep_going 赋值为 false
    picx+=speedx   #picx 的值增加 speedx 的值
    picy+=speedy   #picy 的值增加 speedy 的值
    screen.blit(pic,(picx,picy))# 将图片显示在（picx,picy）位置
    pygame.display.update()     # 将图片显示在（picx,picy）位置
    timer.tick(60)         # 帧速率为 60fps
pygame.quit()       # 清除 pygame，关闭窗口，程序退出。
```

4）设置遇到边界反弹的笑脸

通过判断笑脸的位置，是否到达窗口边界，碰到边界，水平或垂直方向反方向弹回。

添加程序代码后，程序及运行结果如图 3-61 所示。

添加代码解读：（注："#"后面内容为注释）

```
if picx<=0 or picx+pic.get_width()>=800:# 判断"笑脸"是否到达窗口的左右
边界
    speedx=-speedx   #speedx 的值变为相反值，即水平向反方向移动
if picy<=0 or picy+pic.get_width()>=600:# 判断"笑脸"是否到达窗口的上下
边界
    speedy=-speedy   #speedx 的值变为相反值，即垂直向反方向移动
```

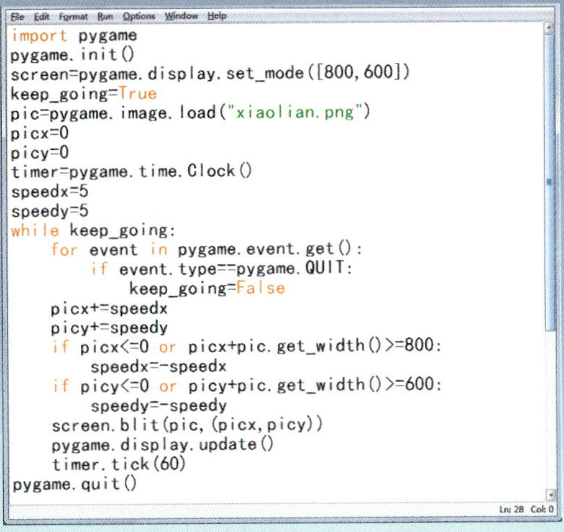

程序代码

运行程序效果

图 3-61 "遇到边界反弹的笑脸"程序及运行效果

5）增加了挡板 paddle，记录分数和游戏机会

添加了挡板，并且判断挡板是否接到笑脸。

初始化，得分为 0 分，有五次机会，接到笑脸，得 1 分，没接到笑脸，减少一次机会，并且去掉了笑脸的运动轨迹，游戏效果更好。添加代码和运行效果如图 3-62 和图 3-63 所示。

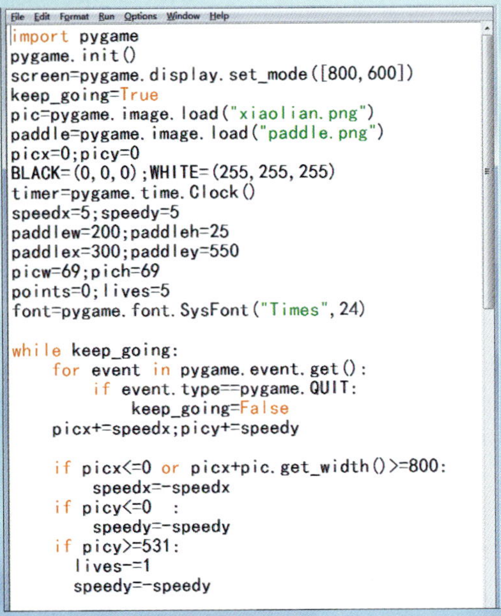

程序代码第一部分

图 3-62 弹跳的笑脸 1.0 版程序

```
                speedy=-speedy

    screen.fill(BLACK)
    screen.blit(pic,(picx,picy))

    #显示挡板paddle
    paddlex=pygame.mouse.get_pos()[0]
    paddlex-=paddlew/2
    screen.blit(paddle,(paddlex,paddley))

    # Check for paddle bounce
    if picy+pich>=paddley and picy+pich<=paddley+paddleh\
        and speedy>0:
        if picx+picw/2>=paddlex and picx+picw/2<=paddlex+paddlew:
            points+=1
            speedy=-speedy

    #Draw text on screen
    draw_string="Lives:"+str(lives)+"Points:"+str(points)
    text=font.render(draw_string,True,WHITE)
    text_rect=text.get_rect()
    text_rect.centerx=screen.get_rect().centerx
    text_rect.y=10
    screen.blit(text,text_rect)

    pygame.display.update()
    timer.tick(80)
pygame.quit()|
```

程序代码第二部分

图 3-62 （续）

运行效果——接到笑脸　　　　　　　　　　　运行效果——没接到笑脸

图 3-63 弹跳的笑脸 1.0 版运行效果

检测笑脸是否碰到挡板是判断是否加分的关键，图 3-64 显示两个接住笑脸的极端的情况。

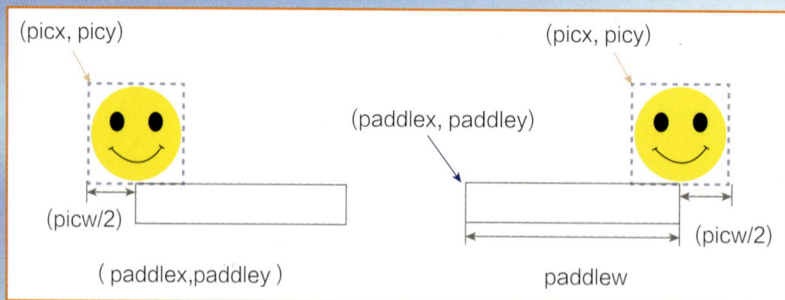

图 3-64 检测笑脸是否碰到挡板

添加代码解读：（注："#"后面内容为注释）

```
import pygame
pygame.init()
screen=pygame.display.set_mode([800,600])
keep_going=True
pic=pygame.image.load("xiaolian.png")
paddle=pygame.image.load("paddle.png")  #导入"挡板"图片
picx=0;picy=0
BLACK=(0,0,0);WHITE=(255,255,255)# 设置黑色和白色
timer=pygame.time.Clock()
speedx=5;speedy=5
paddlew=200;paddleh=25  #paddlew 代表挡板的宽度，paddleh 代表挡板的高度
paddlex=300;paddley=550 #paddlex，paddley 代表挡板的起始水平、垂直位置
picw=69;pich=69  #picw, pich 分别代表图片的宽度和高度
points=0;lives=5  # 初始分值 0 分，游戏机会 5 次
font=pygame.font.SysFont("Times",24)# 设置字体字号
while keep_going: # game loop
    for event in pygame.event.get():
        if event.type==pygame.QUIT:
            keep_going=False
    picx+=speedx;picy+=speedy

    if picx<=0 or picx+pic.get_width()>=800:
        speedx=-speedx
    if picy<=0  :        # 到达窗口上边界
        speedy=-speedy # 垂直方向反弹
    if picy>=531:        # 到达窗口下边界
      lives-=1           # 减少一次游戏机会
      speedy=-speedy     # 垂直方向反弹

    screen.fill(BLACK) # 屏幕填充为黑色
    screen.blit(pic,(picx,picy)) # 笑脸显示在 picx 和 picy 的位置

    # 显示挡板 paddle
    paddlex=pygame.mouse.get_pos()[0] # 获得鼠标位置
    paddlex-=paddlew/2                # 使鼠标位置为挡板的中心
        screen.blit(paddle,(paddlex,paddley)) # 挡板显示在
(paddlex,paddley)的位置

    # Check for paddle bounce # 判断笑脸是否碰撞到挡板
    if picy+pich>=paddley and picy+pich<=paddley+paddleh\
        and speedy>0: # 判断笑脸垂直方向是否在挡板范围内，且速度大于 0
        if picx+picw/2>=paddlex and picx+picw/2<=paddlex+paddlew:#
判断笑脸水平方向是否在挡板之间
            points+=1        # 添加 1 分
            speedy=-speedy # 反弹

    #Draw text on screen
```

```
          draw_string="Lives:"+str(lives)+"Points:"+str(points) # 游戏机会
和分数赋值给 Draw_string
          text=font.render(draw_string,True,WHITE)  # 绘制字符串的矩形变量
          text_rect=text.get_rect()
          text_rect.centerx=screen.get_rect().centerx
          text_rect.y=10
          screen.blit(text,text_rect)  # 显示游戏机会和分数

          pygame.display.update()
          timer.tick(80)
      pygame.quit()
```

6）设置游戏结束判断和重玩机会

在基础版游戏中，还有一些可以改进的地方。例如，游戏在机会为 0 时，并没有结束，随着时间的推移，速度不变，所以，需要调整程序，当游戏机会为 0 时结束游戏；随着用户越来越熟练，速度不变会变得没有趣味，所以在成功接到笑脸时，加快速度，没有接到笑脸，恢复初始速度，会使游戏更有吸引力。此外，游戏结束，如果用户还兴致盎然时，可以增加一个设置，按下 F1 键，游戏就可以重新开始。

程序代码和运行效果如图 3-65 所示。

图 3-65　弹跳的笑脸 2.0 版程序代码及游戏结束效果图

```
File  Edit  Format  Run  Options  Window  Help
    speedy=-5
    speedx=5
  screen.fill(BLACK)
  screen.blit(pic,(picx,picy))

  #显示挡板 paddle
  paddlex=pygame.mouse.get_pos()[0]
  paddlex-=paddlew/2
  screen.blit(paddle,(paddlex,paddley))
  # Check for paddle bounce
  if picy+pich>=paddley and picy+pich<=paddley+paddleh and speedy>0:
      if picx+picw/2>=paddlex and picx+picw/2<=paddlex+paddlew:
          points+=1; speedy=-speedy
  #Draw text on screen
  draw_string="Lives:"+str(lives)+"Points:"+str(points)
  #check whether the game is over
  if lives<=0:
      speedx=speedy=0
      draw_string="Game Over. Your score was:"+str(points)
      draw_string+=".Prees F1 to play again."
  text=font.render(draw_string,True,WHITE)
  text_rect=text.get_rect()
  text_rect.centerx=screen.get_rect().centerx
  text_rect.y=10
  screen.blit(text,text_rect)
  pygame.display.update()
  timer.tick(120)
pygame.quit()
                                                        Ln: 15  Col: 0
```

弹跳的笑脸 2.0 版程序代码

游戏结束界面

图 3-65 （续）

增加代码解读：（注："#"后面内容为注释）

```
import pygame
pygame.init()
screen=pygame.display.set_mode([800,600])
keep_going=True
pic=pygame.image.load("xiaolian.png")
paddle=pygame.image.load("paddle.png")
picx=0;picy=0
```

```
BLACK=(0,0,0); WHITE=(255,255,255)
timer=pygame.time.Clock()
speedx=5; speedy=5
paddlew=200;paddleh=25;paddlex=300;paddley=550
picw=69;pich=69
points=0;lives=5
font=pygame.font.SysFont("Times",24)

while keep_going: # game loop
    for event in pygame.event.get():
        if event.type==pygame.QUIT:
            keep_going=False
    if event.type==pygame.KEYDOWN: # 监听键盘按下事件
      if event.key==pygame.K_F1:     # 判断是否按下 F1
        points=0; lives=5; speedx=5; speedy=5; # 游戏重玩，变量初始化
        picx=0; picy=0
    picx+=speedx;picy+=speedy

    if picx<=0 or picx+pic.get_width()>=800:
        speedx=-speedx*1.1 # 加快水平方向速度
    if picy<=0:
        speedy=-speedy+1   # 加快垂直向下方向速度
    if picy>=531:
      lives-=1
      speedy=-5        # 碰到窗口底部，水平方向恢复原速度
      speedx=5         # 碰到窗口底部，垂直方向恢复原速度
    screen.fill(BLACK)
    screen.blit(pic,(picx,picy))

    # 显示挡板 paddle
    paddlex=pygame.mouse.get_pos()[0]
    paddlex-=paddlew/2
    screen.blit(paddle,(paddlex,paddley))
    # Check for paddle bounce
      if picy+pich>=paddley and picy+pich<=paddley+paddleh and
speedy>0:
        if picx+picw/2>=paddlex and picx+picw/2<=paddlex+paddlew:
            points+=1; speedy=-speedy
    #Draw text on screen
    draw_string="Lives:"+str(lives)+"Points:"+str(points)
    #check whether the game is over
    if lives<=0:        # 判断游戏机会小于等于 0
        speedx=speedy=0   # 速度为 0，结束游戏
        draw_string="Game Over. Your score was:"+str(points) # 显示
游戏结束
        draw_string+=".Prees F1 to play again." # 显示按 F1 重新开始
    text=font.render(draw_string,True,WHITE)
    text_rect=text.get_rect()
```

```
        text_rect.centerx=screen.get_rect().centerx
        text_rect.y=10
        screen.blit(text,text_rect)
        pygame.display.update()
        timer.tick(120)
    pygame.quit()
```

大多数 PC 或 App 游戏，都具有本游戏的功能，而且我们通常都遵从构建"弹跳的笑脸"所采用的类似的开发过程。首先，我们规划好游戏的框架，然后，构建一个可工作的原型，或者说 1.0 版，一旦完成，就可以添加功能，直到得到一个完整版，我们将会发现版本迭代对于构建较为复杂的 App 很有用。适当的练习，我们都将会成为编程的高手，享受编写代码的快乐吧！

3.9   智能识别种子活力

种子活力是种子品质的重要指标。高活力的种子具有出苗迅速、整齐，苗壮、苗全的特点，并具有较强的抗逆性。相反，种子老化，受到冻伤、热害等都会导致活力降低或丧失。

种子活力的检测方法主要采用种子发芽率和幼苗评定实验来评价种子活力高低。种子发芽率较高，表明种子活力较高，反之，种子活力较低。人工检测是通过计算胚芽中染色的面积与未染色的面积的比值来定量地确定种子的活力的。如果染色部分与整个种胚的面积比大于 2/3，就认为此类种子是有活力的。在大量的检测中，由于疲劳等因素可能会产生人工误判等情况。人工智能图像识别和计算机建模技术以像素的个数表示区域的面积，提高了检测的精度。

本项目将人工智能视觉技术与种子活力的生物学检验方法相结合，设计一个种子活力快速测定的图像识别与处理系统，通过采集种子幼苗图像，图像处理和分析，研究幼苗胚根、胚轴的长度及形态的差异性，并进行种子发芽试验，从而测定种子的活力。

【创意目标】开发一个种子活力快速测定的图像识别与处理系统，系统通过扫描仪将种子发芽和幼苗生长的过程以图像的方式转递给计算机，图像经过计算机处理后与大量的形态学特征统计结果比较，获得一个质量指标活力指数，并检验测定的精度和可重复性。

（创意制作者：北京市五中教育集团韩竹。）

【材料与设备】卤素灯、CCD 相机（PULNIX TMC-7DSP）、ANB847 镜头、ANB847 镜头延长管、光源、PC 机、光照箱、MATLAB6.5 图像处理软件、计算机、四唑溶液、绿豆种子。

【实施步骤】

1）设计技术路线（图3-66）

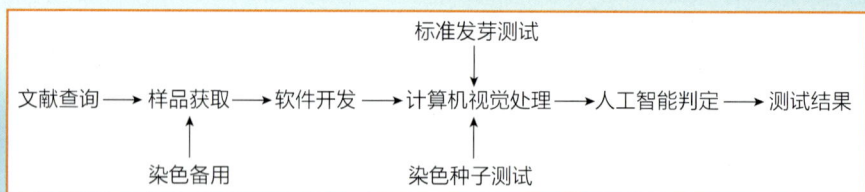

图3-66　智能识别种子活力技术路线图

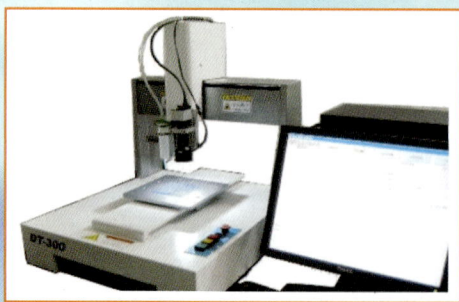

图3-67　硬件连接

2）硬件连接

将图像采集卡、CCD 相机（PULNIX TMC-7DSP）、ANB847 镜头、ANB847 镜头延长管、光源、PC 机、光照箱、计算机连接起来（图3-67）。

3）图像识别与处理软件的开发

项目中采用的图像处理软件为 MATLAB6.5，是一种解释执行的语言。它灵活、方便，程序调试手段丰富，调试速度快。任何一种语言编写程序和调试程序一般都要经过编辑、编译、连接和执行四个步骤。MATLAB6.5 把这四个步骤融为了一体，即它能在同一画面上进行灵活操作，快速排除输入程序中的书写错误、语法错误甚至语意错误，从而加快了用户编写、修改和调试程序的速度。该系统软件包由四个模块组成，如图 3-68 所示。

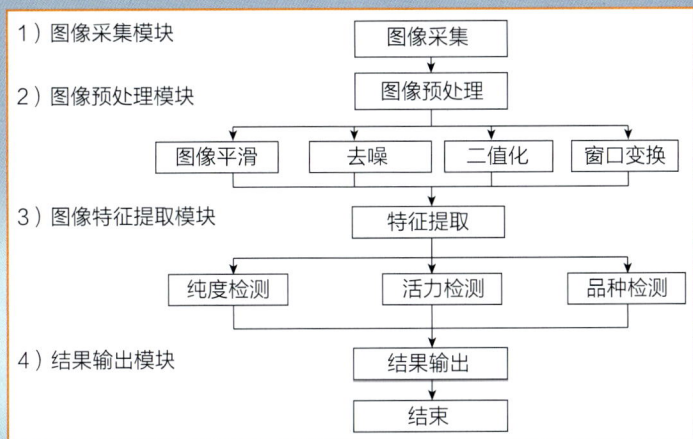

图 3-68　MATLAB6.5 图像识别系统工作流程图

4）绿豆种子活力检测过程

（1）绿豆种子活力图像的识别。

① 数取试样：200 粒绿豆种子，分为两组。

② 种子预湿：30℃恒温水中浸泡 3 小时。

③ 纵切种胚：纵切胚和大部分胚乳。

④ 种子染色：35℃黑暗条件下在四唑溶液中染色 1 小时（图 3-69）。

⑤ 图像鉴定：根据种胚染色情况进行鉴定（图 3-70）。

图 3-69　种子染色

⑥ 计算分析：计算种胚被染成红色的有生命活力种子的百分数。

（2）绿豆种子发芽率测定。

按照标准发芽试验方法，随机数取 100 粒种子，分为四次重复进行标准发芽试验，18～25℃变温发芽，第 7 天计算分析发芽率，进而研究幼苗胚根、胚轴的长度及形态的差异性（3-71）。

在试验中发现，摄像机和数码相机的光学失真以及种子品种本身的质量问题，

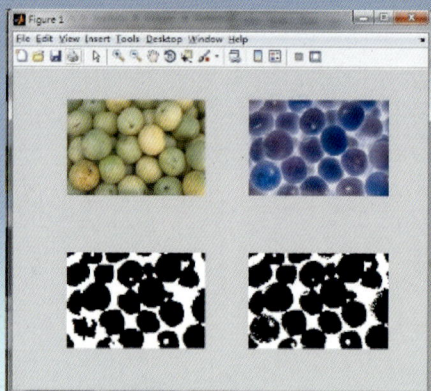

图 3-70 图像鉴定

图 3-71 幼苗胚根、胚轴的长度及形态的差异性

对生成的电泳谱带以及图像识别的结果有很大影响。种子活力检测时，还需要利用边缘检测对图像进行分割，以得到活力检测所需要的种胚部分，为图像的进一步理解作准备。

3.10 智能 MOOC 学习系统

MOOC（慕课），作为大规模开放在线课程，正以提供低成本、大规模、高质量的教育内容改变着人们的学习方式。更重要的是，MOOC 学习者可以控制自己学什么、什么时候学以及如何学。尽管 MOOC 在极大程度上缓解了教育公平性等矛盾，但仍然存在完成率低、参与度低、个性化程度低、缺乏教师与学习者之间沟通互动等问题。MOOC 学习通常发生在高度多样化和打断性的环境中，与传统课堂相比，教师在教学时不能获得如举手或面部表情等重要线索，因此无法完全了解学习者掌握知识的程度，因而 MOOC 学习中设计细粒度的评估机制是有挑战性的。

本项目通过隐式生理信号的感知以改进 MOOC 学习的方法，即利用功能性近红外光谱仪检测学习者的注意力、认知工作量以及在观看视频时的感知程度，再利用自适应回放界面，根据其对动态认知的程度推荐最可能复看的内容。其中，与之匹配的教师端可视化面板，还可为教师提供与学习资料同步的学习者学习状态（如注意水平）的汇总视图，以帮助教师改进教学内容。

【创意目标】

通过隐式生理信号的感知改进 MOOC 学习的方法，并利用系统提供的学习者学习过程中的注意力、认知工作量以及在观看视频时的感知程度，推测其对知识点掌握的状况，从而智能推荐相应的学习内容，提高 MOOC 学习的效率。

（创意制作者：北京市第四中学郭辰越。指导老师：中国人民大学附属中学袁中果、中国科学院软件研究所范向民。）

【材料与设备】

功能性近红外光谱仪（整套设备，图 3-72）、计算机。

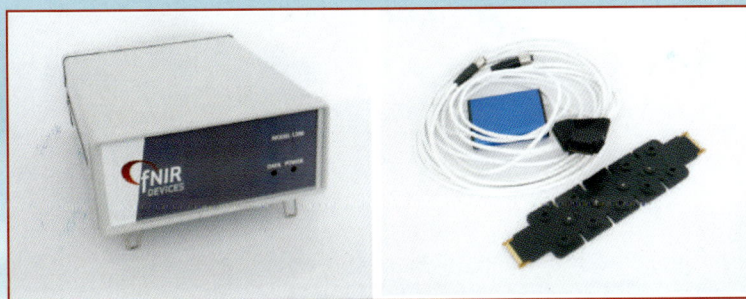

图 3-72 功能性近红外光谱仪

【实施步骤】

1）使用功能性近红外光谱仪采集生理信号

功能性近红外光谱仪是一种无创性和轻量级的设备。其通过光纤发射近红外光可检测大脑区域中充氧和脱氧血液的变化，从而反映人类各种认知状态（图 3-73）。该仪器可以采集 16 导联数据，覆盖使用者整个前额叶，可以得到用户当前前额叶血氧等生理参数，原始数据如图 3-74 所示，每个表格代表每个导联数据，红线是充氧体积减去基线体积，蓝线是脱氧体积减去基线体积，然后，使用红线减去蓝线，我们可以计算额叶使用的血氧体积。

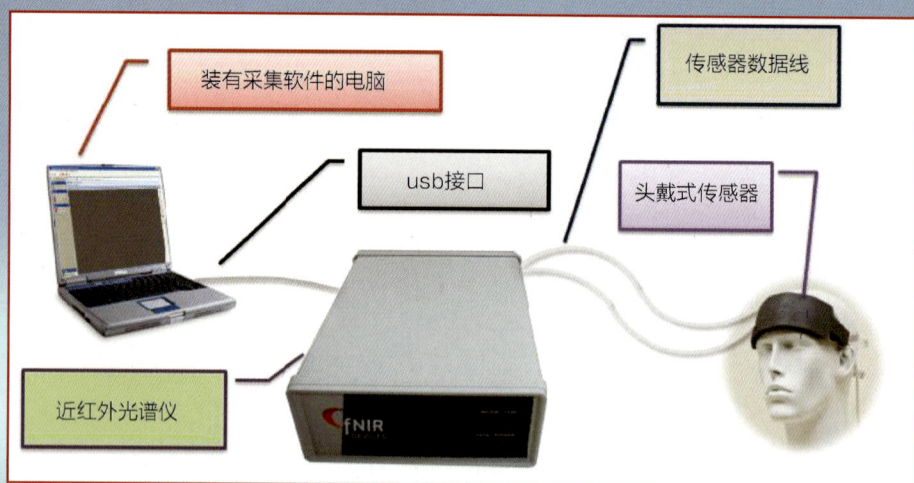

图 3-73　功能性近红外光谱仪采集方式

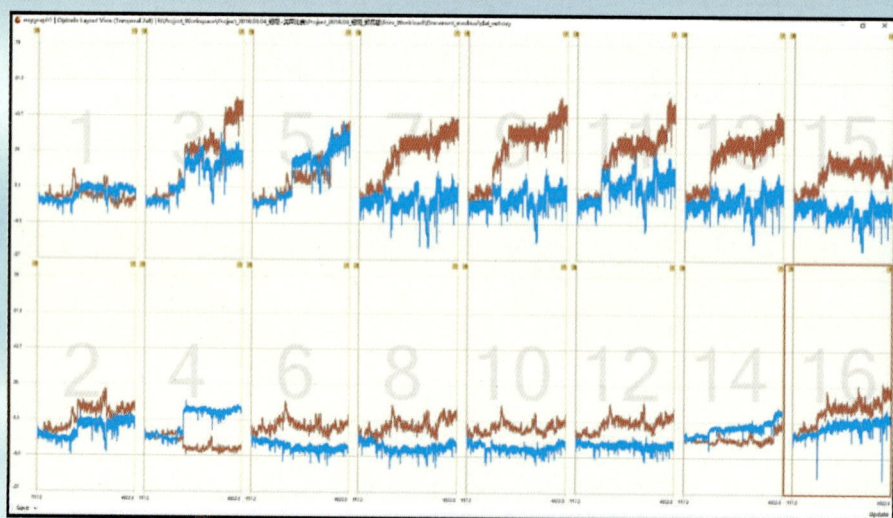

图 3-74　功能性近红外光谱仪实时数据显示

2）信号分析及学习过程干预

在这个项目中，设计了一个隐式生理信号感知系统，利用功能性近红外光谱仪检测学习者的注意力、认知工作量以及在观看视频中的感知程度。图 3-75 为主要系统的主要功能界面。

其主要工作流程如下：

（1）对采样数据进行认知负荷及关注度水平分析。由于个体差异等原因，非工

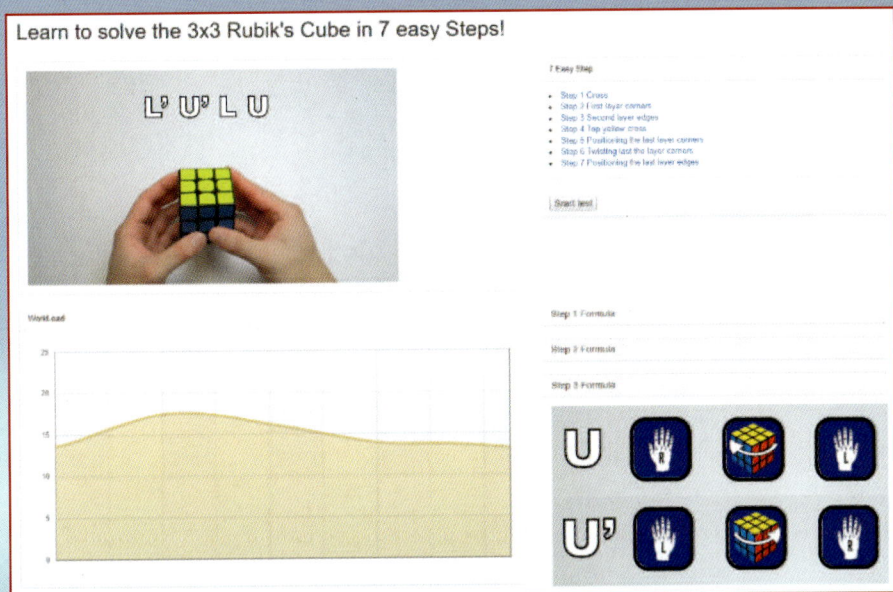

图 3-75　功能性近红外光谱仪主要功能界面

作状态下用户大脑前额叶血氧含量因人而异，本系统更注重用户学习状态与非学习状态的差异性，因而选取每个通道每 10 秒钟的平均和线性回归斜率作为特征，得到 32 个特征（16 个通道 ×2 个描述性特征）。这些特征被输入具有线性核的支持向量机分类工具 LIBSVM 中。通过训练分类器输出高（低）认知工作量和高（低）关注水平。其识别结果以时间曲线的方式显示在界面的左下角。

（2）根据认知负荷分析结果进行学习过程干预。其干预过程主要基于自适应回放技术，根据对学习者的认知状态的动态变化情况，推断推荐学习者可能最受益的学习主题。在学习者进行学习的过程中，系统根据学习者学习的认知负荷曲线的变化趋势，识别出视频的哪些部分对学习者而言具有较高的学习难度，并根据预制的策略，进行相应的学习过程调整，如调整视频播放速度，自动回放疑难部分，显示预制的学习主题等（图 3-76）。

（3）教师端数据分析呈现及教学过程改进。教师端对学生的数据进行分析，呈现出与学习资料同步的学生学习状态（如关注水平）的汇总视图（图 3-77）。教师可以通过该视图分析教学过程中哪些阶段较好地获得学生的关注，哪些部分容易使学生走神，从而可以帮助教师了解其课程知识点的讲授方式、采用的素材是否可以

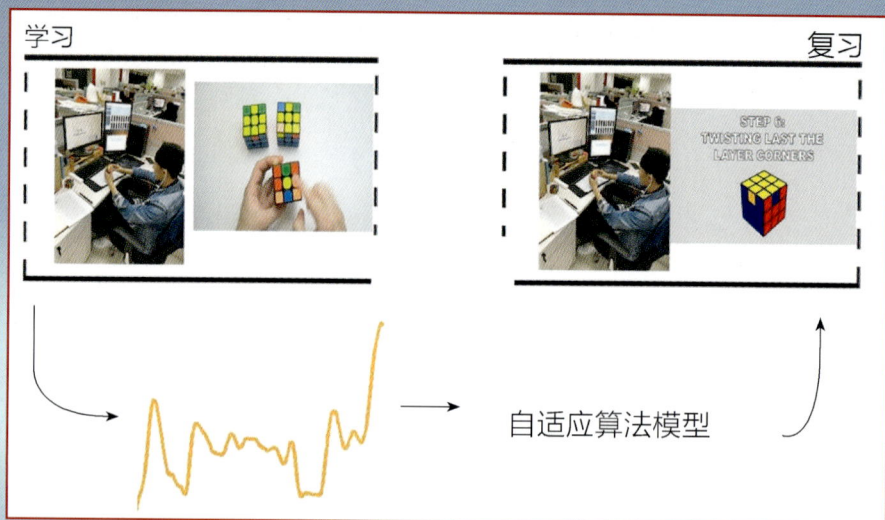

图 3-76　自适应回放

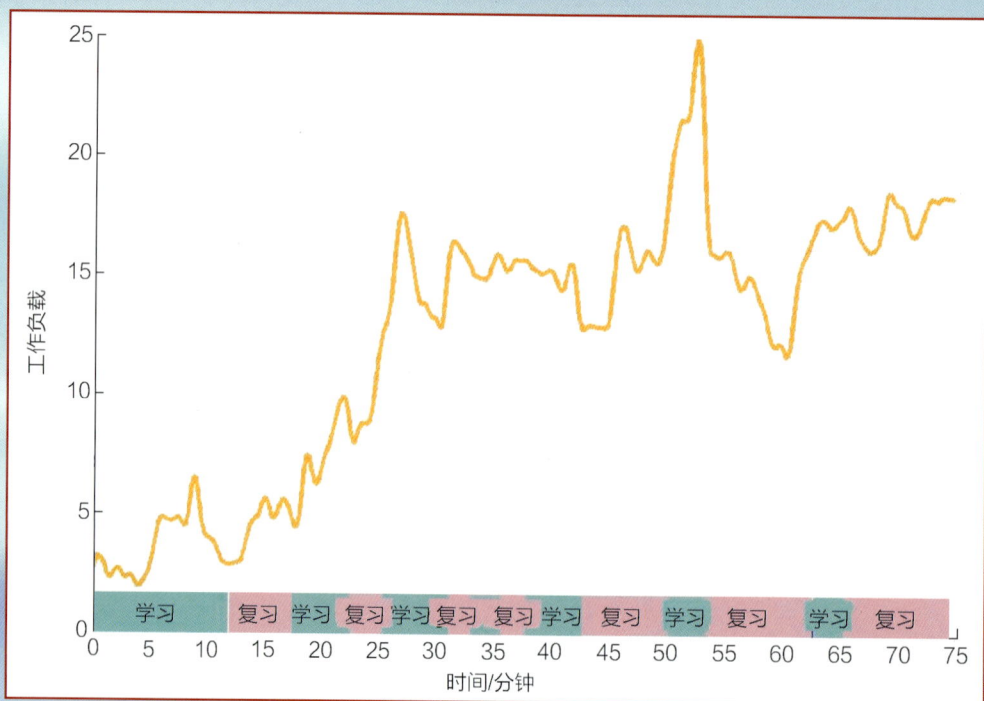

图 3-77　某个学生的学习状态汇总视图

获得预期的教学效果，从而对教学内容和教学方法进行精确的调整和改进。

2）试验验证。我们对四名测试者进行了测试（平均年龄为 22.5 岁）。每个测试者观看七个关于如何解决 3×3 魔方的简短视频。他们复习了认知工作量很高的

视频。在学习任务结束时，每个测试者都填写一份关于他对学习过程感受的问卷。

三名测试者完成了所有学习的课程，并且可以动手解决魔方问题。试验数据显示他们花在解决魔方问题上的时间（图 3-78）与系统推断的认知负荷是一致的（图 3-79）。

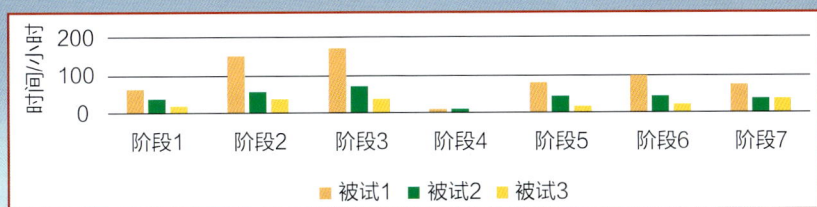

图 3-78　三个测试者在七个学习阶段中的用时

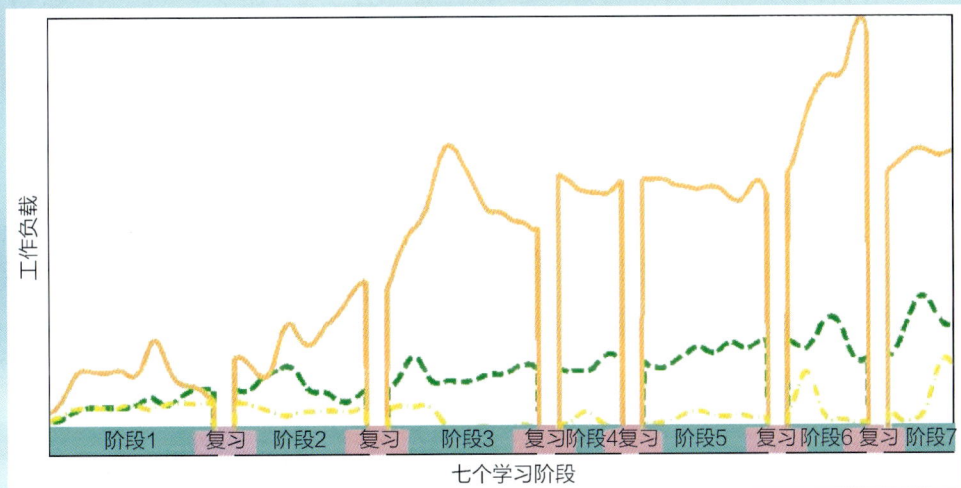

图 3-79　三个测试者的认知负荷

一名测试者在第二次重复学习中退出测试。图 3-80 所示中途退出学习的测试者的认知负荷信号表明，其在第二次视频学习中遇到了很大的困难，在接受面对面调研中证实了此为其退出测试的主要原因。

通过以上测试，可以证明在实际 MOOC 学习中确实存在因所学习的视频并不适合一部分学生的状况，而致使他们未完成学习。因而，如果我们的系统能够通过分析学习者工作负荷的数据，在他们感到无法忍受之前就给推荐一些适合他们能力的课程，就会使学习者的学习效果和课程设置相匹配。

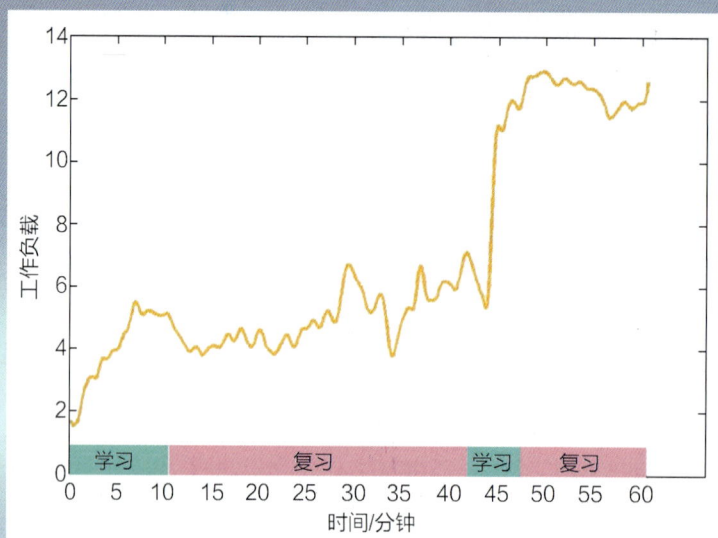

图 3-80 中途退出学习的测试者的认知负荷信号

本项目提出了基于隐式生理信号感知的智能慕课学习系统，基于功能性近红外光谱仪对学习者的状态进行推断，设计了基于学习者学习状态的自适应的回放功能和评价界面，以及教师端的数据分析呈现。通过这些来增强 MOOC 学习中的个性化学习和教师与学生之间的互动，从而更好地反馈 MOOC 学习者的状态。该系统未来可以应用于不同的的教学环境，甚至走进我们真实的课堂，这样就可以对每个学生提供个性化的帮助，使学习更加智能化。

参 考 文 献

彼德·哈林顿，2013. 机器学习实战［M］. 李锐，李鹏，曲亚东，等译. 北京：人民邮电出版社.

李开复，2018. AI·未来［M］. 杭州：浙江人民出版社.

尼克，2017. 人工智能简史［M］. 北京：人民邮电出版社.

托斯，2017. 人工智能时代［M］. 赵俐，译. 北京：人民邮电出版社.

吴军，李彦宏，周鸿祎，等，2017. 智能时代［M］. 北京：中信出版社.